台灣礁岩海岸地圖

趙世民◎著

晨星出版

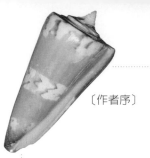

〔作者序〕

我的礁岩海岸無脊椎動物觀察紀錄

趙世民

晨星出版社邀我寫一本有關台灣礁岩海岸無脊椎動物的書，我有些疑慮，因為這是一件困難的工作，主要原因是海岸無脊椎動物含蓋的種類太多，許多動物的名字很難查，台灣也沒有專家可以請教，這個工作一定要花費很多的時間去查閱許多相關資料，特別是生物名稱方面。

最後我還是答應動筆，原因是，這是我很久以前就想作的工作，也一直在累積這方面資料，心想等以後資料更豐富時，再來做這項大工程。現在晨星邀約，又有人協助，於是我就開始整理。其實這項工作早晚都要作，愈早作的好處是以後修訂的機會愈多，可以更完整。斷斷續續寫了一年多，一直沒能完成，最後在美蘭耐心等候下，將文稿分成好幾部份，一點一滴，終於完成。

我是學生物學的，喜歡爬山、露營、游泳、潛水，攝影，是一個非常典型的自然人；又剛好在自然科學博物館做蒐藏與研究的工作，研

黑斑筍螺
Terebra subulata (L.)

梨皮寶螺
Cypraea flaveola Linnaeus

洋蔥螺
Rapa rapa (Linnaeus)

究海岸生物的生活史及生態，特別是棘皮動物，因此有許多野外工作的機會，對台灣海岸生物也有多年的觀察及心得，也累積許多的生態圖片，因此有興趣將多年的資料整理出來。

這本書分成兩大部份，一是海邊景點的介紹，包括台灣及各離島礁岩海岸，都是我常作研究的地方，有豐富的生物資源，也是很好的戶外教學景點。另一部份是圖鑑，有近四百種常見的海岸生物可以查閱。希望這本書可以讓許多喜歡去海邊觀察生物的朋友、潛水人員及學校師生，有更多認識海岸生物的機會。

海岸無脊椎動物種類繁多，這本書只是介紹一些常見的部份，其中有許多生物在台灣都沒有人研究，也不是我的專長。因此，我引用了參考文獻的頁數，也在最後附了參考資料，如有錯誤或爭議，希望其他海洋生物同行及先輩不吝賜教。

CONTENT

台灣礁岩海岸景點篇

台灣礁岩海岸

東北角之旅

東北角之旅

　　每一年五月到八月，我都會到東北角進行調查研究。這段時間，東北季風平息，海邊風平浪靜，天氣又暖和，來此從事海邊活動最適宜。鼻頭角、龍洞灣、和美、澳底、馬岡、都是我最常到的地點。

　　白天下海浮潛、採集、攝影，欣賞生物之美。傍晚，坐在港邊，看海天一色，歸帆點點。晚上，我喜歡在海邊露營，有時在馬岡，有時在鼻頭角公園，聽著浪聲，喝著啤酒，望著滿天星斗，想想自己的生活，整理一下思緒，安排未來的日子。農曆初一或十五左右的大退潮晚上，我喜歡帶著手電筒摸黑下海，在潮池中觀察及找尋白天看不到的夜行性生物，常有意想不到的收穫。

　　秋冬季節，東北角海岸經常細雨綿綿，又冷又濕，我習慣開著車，沿著濱海公路欣賞濛濛煙雨。遠方的海岸山脈在雨霧之

東北角的海岸景觀

東北角海岸的夕陽

中，時而明顯，時而模糊，這是另一種美。通常在下午三點左右到達宜蘭頭城的大溪漁港，看著漁船在風雨中頂著大浪進港，跌跌撞撞，每艘船身吃水頗深，常是豐收。在這個無法下海浮潛的秋冬季節，我常在漁市場的下雜魚堆中翻翻撿撿，找尋一些奇形怪狀的深海底拖網生物，每一次都有意外的收穫。這些深海生物不是岸邊或潛水所能採到的，特別是貝類，撿幾個清洗乾淨，亮麗的讓人愛不釋手。秋冬時節，漁船常撈到大型的白法螺，連殼帶肉一個五十元。每次看到這些貝類，常激起我想再來撿貝殼的衝動。

六點左右，漁市即將結束，鮮魚賣得出奇便宜，五十元或一百元一大盤，習慣性的都會買一、二盤，冰在冰桶中，晚上露營時煮一小鍋鮮魚湯，喝著啤酒，聽著潮水聲，累了就鑽入睡袋中。如果風雨太大，我們就睡在旅行車上。

好幾次也順道由陰陽海前右轉，到九份山上，

逛逛老街，吃吃小吃。在九份山上遠眺東北角海岸之美，有時在夕陽下，有時在煙雨中，久久不願離去。

東北角是台灣珍貴的海岸資源，找一個假日，邀幾個親朋好友，四、五部車、七、八頂帳篷，讓陽光、海

大溪漁市的下雜魚堆

水、鮮魚、九份的小吃、海蝕地形帶給你一個知性及感性之旅。

來東北角活動我喜歡安排二天一夜，以露營的方式進行。由於濱海公路車多路窄，又多砂石車，相當危險，人數不要太多，一次以四到五部車最佳，人數約十人左右即可。露營地非常多，自己可隨性選擇，喜歡山的往山上開，喜歡聽濤聲的往海邊走，稍稍遠離濱海公路，因為晚上卡車開得飛快，車聲太吵。九份山上也有許多好營地，但是請自備淡水。

如果到東北角露營，一定要在下午五點到六點之間造訪頭城的大溪魚市場，採買一些鮮魚、鮮蝦，幫辛勤的漁民一點小忙。晚上煮一小鍋鮮魚湯，一定讓您回味無窮。雖然大溪魚市有些遠，已經過了三貂角、石城和人里，但如果您願意多開三十分鐘的車程，一定會讓您的旅程更加豐盛。

我習慣在車上放一個釣魚用的冰桶，出發前的一兩天，用二個1.2公升的空保特瓶裝九分滿的冷開水（因為水結成冰時，體積膨脹），放入冰庫中結成冰（記得先將瓶蓋取下），出發前將這兩瓶冰放入冰桶中充當冰塊，接下來二天，這個冰桶就是一個小冰箱，既可冰飲料食品，又提供冰開水，真是方便又實用。

上九份的蜿蜒山路及陰陽海

由九份眺望東北角海岸

龍洞南口公園全景

海岸平臺

東北角之旅

13

鼻頭角

　　一般人到鼻頭角通常是在濱海公路旁欣賞海景，或到漁港買些魚獲、吃頓海鮮，其實這裡非常適合浮潛或游泳。將車開入漁港盡頭是鼻頭角小公園，公園前面海灣是浮潛者的天堂。

　　這裡的潮間帶短小，多碎石，除了少數螃蟹及螺類外，岸邊生物相較單調，但岩礁上海蟑螂極多。水深1～2公尺以內亞潮帶的珊瑚和海葵豐富，常讓浮潛者大為驚嘆。

　　消波塊外側有一列露出的岩塊，浮潛活動務必在此區以內進行，出了這列岩塊之外，部份時段海流湍急，比較危險，因此務必在此區以內活動。港內航道區也突然變深，泳技不好的人也要避開。

　　這裡適合浮潛活動，一、二公尺深的水中就有許多球觸手海葵，顏色為

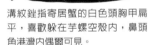

溝紋鈍指寄居蟹的白色頭胸甲扁平，喜歡躲在芋螺空殼內，鼻頭角港灣內偶爾可見。

鼻頭角漁港

14

球觸手海葵是大型海葵，也是鼻頭角港灣內最常見的海葵，觸手末端呈球狀，有白色條紋。這種海葵體內有共生藻，可以行光合作用，將光合產物提供給海葵。

萼柱珊瑚縫隙中有各種寄居蟹及一隻橘色的細紋梯形蟹。這反映出珊瑚礁物種與棲地的多樣性。

萼柱珊瑚是鼻頭角常見的珊瑚，生活在水深一到二公尺，為海底增添許多美景，也是浮潛者的最愛。牠是一種分枝狀珊瑚，但分枝粗短，顏色變化很大，從淡綠到金黃色都有。

可見物種：

軟體動物：白星螺、粗紋峨螺、千手螺、織錦芋螺、阿拉伯寶螺、雪山寶螺、銀絲寶螺、腰斑寶螺、黃齒岩螺、白結螺、九孔螺、結螺、瘤鮑螺、頂蓋螺、銀杏螺、棘結螺、草莓結螺、台灣玉黍螺、紫口海兔螺、海兔螺、紫口旋螺、羅螺、花麥螺、廣口珊瑚螺、菊松螺、臍孔黑鐘螺、蚵岩螺、棘岩螺、金絲岩螺、齒輪鐘螺、高腰蠑螺、短拳螺、覆瓦小蛇螺。

其它：球觸手海葵、太平洋群體海葵、萼柱珊瑚、海蟑螂、短腕小岩蝦、溝紋銼指寄居蟹、細紋梯形蟹、大管孔珊瑚、板葉雀屏珊瑚、圓管星珊瑚、印度光纓蟲、多囊海鞘。

黃昏時，由鼻頭角港眺望外海點點漁舟

淡綠色，隨水流緩緩擺動，非常壯觀。蕈形柱珊瑚是此區較優
勢的珊瑚，這種珊瑚縫隙間常躲了許多紅色及紫紅色梯形蟹。
岸邊淺水處因為受到消波塊及岬角保護，有許多珊瑚生長。消
波塊陰暗處常有成簇的橘紅色圓管星珊瑚，顏色非常亮麗。

　　每次來鼻頭角浮潛，有一件事情讓我感觸最深，雖然港外水
質清澈、生物豐富，但漁港內卻漂浮著各種垃圾，有時空氣中
還飄著惡臭。每次和朋友來此，我都要刻意帶他們來港內看
看，讓他們知道，大家隨手棄置的塑膠製品，對環境有多深遠
的影響，這是最好的環境教育。

鼻頭角漁港內漂浮著許多垃圾，這
是台灣許多漁港面臨的一大問題，
這也反映出我們的環境保育觀念尚
未落實。但一出漁港，水質就非常
清澈，讀者不必多慮。

印度光纓蟲。大型羽冠觸手呈馬蹄形，上面常有紅色到咖啡色斑紋。主要生活在一到二公尺深的岩礁上，也是東北角海域常見的環節動物。蟲管為革質，牠對光線非常敏銳，稍一接近，蟲體立刻縮入管中，二到三分鐘之後才又伸展開來。

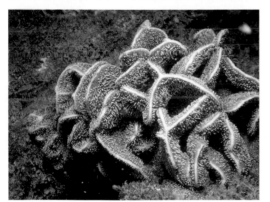

板葉雀屏珊瑚在鼻頭角也偶爾可見。

一翻起石塊，平滑的底部吸附有石鱉，牠屬於軟體動物門的多板綱，和二枚貝（雙殼綱）及螺類（單殼綱）是親戚。

交通資訊：

　　鼻頭角漁港緊臨東北角海岸公路（2號省道），交通非常方便。

觀賞季節：

　　春、夏為佳。

注意事項：

　　這個地區適合浮潛觀察，但不適合作中小學生潮間帶教學，原因是潮間帶太短小，潮間帶生物相並不豐富。漁港旁有一鼻頭角公園，浮潛完畢可以在公廁內取淡水沖洗，甚為方便。

球觸手海葵的身上常有短腕小岩蝦棲息。

扇狀水螅也是生活在消波塊陰暗處，群體呈扇狀，高度約十到二十公分，常被認為柳珊瑚。

海蟑螂不是蟑螂

一聽到海蟑螂，很多人或許會以為牠是生活在海裡的蟑螂，或是一種和蟑螂相近的昆蟲。實則不然，海蟑螂是甲殼類動物，和蟑螂沒有太多關係，牠有7對附肢，

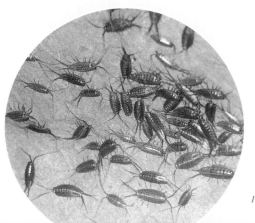

而昆蟲只有3對附肢。只是因為外形和運動方式、速度頗像小蟑螂，所以被稱為海蟑螂。

海蟑螂身體扁平，可長到4公分長，身體前端有一對黑溜溜的大複眼。牠們常在海邊高潮線附近活動，不會在海水中活動，但如果遇到危險，也可暫時潛入海水中。牠們活動迅速，在海邊礫石區、礁岩區、港口的碼頭、木椿及漁船上常可發現。以岩石上的小型生物和動物屍體，及有機物碎屑為食，是海邊重要的清道夫。

海蟑螂有交配行為，在生殖季時，常可看見交配中的海蟑螂，雌雄重疊在一起，一同活動。雌性海蟑螂在腹部具有卵囊，受精卵在卵囊中直接孵化成小海蟑螂，沒

羽狀水螅生活於水深一到十公尺的岩礁上，牠有發達的刺細胞，常刺傷浮潛及潛水者，水中活動時最好遠離這種白色的腔腸動物。牠的群體呈羽毛狀、白色，常成片長在岩礁上或海藻上。

有在海水中的浮游性幼生期。

　　遇到危險時，如果卵囊中的小海蟑螂已經有活動能力，雌海蟑螂在危急中會釋放數十隻的「早產兒」，充分展現母性的光輝。

　　海蟑螂除了具有清道夫的功能外，也常被當成釣餌。被狂風巨浪打落海中的海蟑螂，成為魚類最喜歡的食物。但在平時，魚類是吃不到牠們的，因為牠們非常機警、活動迅速，而且只在沒水的高潮區活動。

　　牠們對天氣的改變非常敏銳，風浪一大，就躲在風浪打不到的岩縫中。漁民及釣客常用活的海蟑螂當釣餌，但海蟑螂很難用手抓到，縱然抓到了，也把牠們壓死或壓碎。海邊漁民抓海蟑螂的方式叫做「掃海蟑螂」。因為數量很多，用軟掃帚來掃，既方便又有效率，又不會傷害牠們。

太平洋群體海葵常群生於水深一到二公尺的岩石上，一受到刺激，每一隻動物便縮起來。這種海葵身上也有大量共生藻，會行光合作用，所以牠們必須生活在陽光充足的礁岩上。

消波塊的陰暗處附著許多美麗的圓管星珊瑚，這種珊瑚沒有共生藻，必須以水中小生物為食，牠們多生活在礁岩陰暗處。

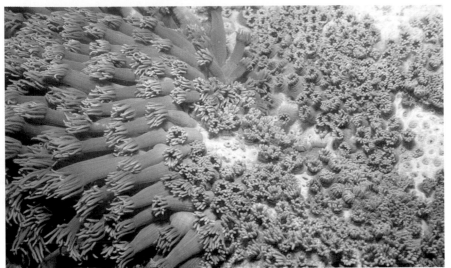

▲ 鼻頭角另一個特色是海底有非常多的大管孔珊瑚，這種珊瑚的珊瑚蟲體很長，伸出時可長達三公分以上，一受到刺激，珊瑚蟲就縮入堅硬的骨骼中，由刺激點向四周傳遞，像波浪一般，相當有趣。

▼ 有些彎形柱珊瑚每一個分枝末端住有一隻蛇螺科的覆瓦小蛇螺。這種蛇螺無法移動覓食，會分泌黏液網，黏住水中小生物、有機物碎片和微細藻類為食。

▼ 白色的聚集多囊海鞘在退潮時常露出水面。海鞘屬於脊索動物門的尾索動物動物亞門。

龍洞灣

　　此區位於濱海公路旁，是一個大型海灣，左側有龍洞海濱公園，右側有九孔養殖池。兩側均適合進行潮間帶及浮潛採集。

　　右側九孔養殖池旁水深一到二公尺礁岩區，常可發現呂宋棘海星，這種海星呈橘紅色，會行斷腕式分裂生殖。在岩石下也常吸附著尖棘篩海盤車，這種海星具六到七隻手臂，體色和岩石相近，常捲曲在一起，極像一小團褐色海藻，有極佳的保護色。

　　海灣的黃昏很美，坐在廟前的堤岸上，欣賞龍洞灣海景，或下到海邊礫石區撿拾貝殼。每次來東北角，我都習慣在此稍作停留，和緩一下開車的疲勞。

龍洞灣全景

雨絲寶螺

麥螺

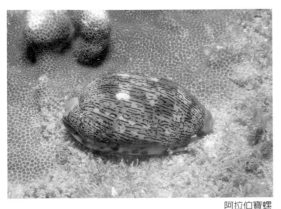

阿拉伯寶螺

可見物種：

　軟體動物：白星螺、花冠芋螺、斑芋螺、樂譜芋螺、阿拉伯寶螺、雪川寶螺、雨絲寶螺、腰斑寶螺、愛龍寶螺、紫口岩螺、九孔螺、腰帶筆螺、稜結螺、橄欖螺、花麥螺、麥螺、草席鐘螺、臍孔黑鐘螺、黑肋蜑螺、鴨嘴螺。

　棘皮動物：米氏海參、梅氏長海膽、尖棘篩海盤車、呂宋棘海星、白尖紫叢海膽、紫海膽、白棘三列海膽、齒櫛蛇尾、巨綠蛇尾、環棘鞭蛇尾。

龍洞灣右側海岸

龍洞灣左側海岸

腰斑寶螺

九孔螺

交通資訊：

　　緊臨東北角海岸公路（2號省道），交通非常方便。灣前有一間廟宇，前可停車，付廟方一點香油錢，借用清水及公廁也頗方便。

觀賞季節：

　　全年，春、夏為佳，秋冬時東北季風強勁，海水冰冷。

注意事項：

　　此區適合進行潮間帶及浮潛活動，但泳技不好者，不要進行浮潛。此區為一下坡轉彎路段，車子出入均要注意公路上疾行的車輛。

花麥螺

米氏海參

Q&A

愛打洞的梅氏長海膽

　　梅氏長海膽生活在珊瑚礁淺海，以海底的藻類為食。牠小的時候，身上的刺不夠強壯，無法在岩石上挖洞，大多躲在岩石下或岩縫中。等到刺長到夠強壯時，牠會搬家，搬到碎浪帶的岩石區，開始挖一個洞，並且終身住在這個洞裡。當梅氏長海膽數量很多時，常會把岩石挖的坑坑洞洞的。

　　岩石那麼硬，梅氏長海膽的刺怎麼可以挖出一個洞來？海洋生物學家發現梅氏長海膽平時會分泌酸，這些酸會慢慢侵蝕岩石。

齒櫛蛇尾

珊瑚礁的成份主要是碳酸鈣，碳酸鈣很容易受到酸侵蝕；再加上許多棘刺的挖鑿作用，隨著海膽身體的成長，這些洞就愈來愈大。

　　這些坑坑洞洞對海洋生態有那些正面和負面的影響？負面的影響是這些坑洞會使得礁岩變得比較脆弱，大一點的海浪就會把礁岩打斷或打碎，海岸失去礁岩就很容易受到海浪侵蝕及破壞。

　　正面的影響是當海膽死亡後，這些遺留下來的坑洞將可成為其他生物的棲息或躲藏的地方，大大地增加了棲息地的種類和面積。

　　珊瑚礁區之所以會有各式各樣多彩多姿的生物，這些坑坑洞洞可是一個很重要的原因，它提供各種生物居住、躲藏及產卵的地方。

和　美

　　此區臨濱海公路，交通方便，有礫石及岩礁區，生物為典型的東北角岩礁生物。退潮時，潮間帶寬廣，適合作戶外教學。這裡的特色是多礫石，石下常有各種生物躲藏，適合夜間採集。右岸有一大片平坦的海岸腹地，可以露營，又有一條小溪入海，清洗方便，是一良好的露營區。

和美海灘前的小村落緊鄰濱海公路

大赤旋螺

花㷱筆螺

鏽斑岩螺

可見物種：

　軟體動物：花青螺、阿拉伯寶螺、雪山寶螺、腰斑寶螺、愛龍寶螺、貨幣寶螺(黃寶螺)、台灣玉黍螺、粗紋玉黍螺、麥螺、花麥螺、草席鐘螺、臍孔黑鐘螺、齒輪鐘螺、高腰蠑螺、短拳螺、黑肋蜑螺、鴨嘴螺、海蜷蟹守螺、漁舟蜑螺、大圓蜑螺、黑圓蜑螺、玉女蜑螺、芝麻螺、鐵斑岩螺、大赤旋螺、花㷱筆螺。厚殼縱簾蛤。

　棘皮動物：紫輪參、白棘三列海膽(馬糞海膽)、一種蛇海星。

　其它：海蟑螂、細紋方蟹、清白招潮蟹、司氏酋婦蟹、圓管星珊瑚。

和美右側海岸

和美左側海岸

草席鐘螺

司氏酋婦蟹

交通資訊：

　　緊臨濱海公路，交通便利，停車方便。

觀賞季節：

　　春夏為佳。

注意事項：

　　此區潮間帶較寬廣，以潮間帶採集為佳，較不適合作浮潛。低潮線附近圓石溼滑，注意安全。

和美右側海岸停車方便

貨幣寶螺（黃寶螺）

Q&A

會偽裝的馬糞海膽

　　淺海的海膽大多數是素食者，主要吃海底的大型藻類。因為深海陽光無法穿透，沒有大型藻類，這裡的海膽大多是肉食性或腐食性。

　　海膽有各式各樣的生活環境，有些種類會在海底岩石上挖一個洞，一輩子住在洞穴中，不會出來。有些則白天躲在洞穴裡，晚上才跑出來找東西吃。也有一些種類是既不會挖洞，也不會躲在沙子裡，而有另一套偽裝的好本領。

花青螺

馬糞海膽（又稱為白棘三列海膽
Tripneustes gratilla）就是一種會偽裝的海
膽！馬糞海膽喜歡吃海藻，牠們不像其他
種類的海膽會挖洞，或只在晚上才出來找
食物吃。馬糞海膽像一個流浪漢，在海底
到處找海藻吃，沒有固定的家（洞）。

牠和其他海膽的另一個差別是牠沒有細
長的尖刺，牠身上的短刺對敵人起不了什
麼作用。可是，馬糞海膽會把許多藻類背
在身上，將自己偽裝成一叢海藻，特別是
在白天。這就好像作戰的士兵用樹葉將身
體偽裝起來，以免被敵人發現一般。

用海藻偽裝的另一個好處是：這些海藻
有些是牠的食物，當黑夜剛降臨時，牠可
以將披在身上的這些「點心」先充充饑，
恢復一下體力，再去找新鮮的海藻好好吃
一頓。可是，在天亮之前，牠絕不會忘記
再將自己偽裝起來。

金 沙 灣

　　金沙灣海濱公園也是緊臨海岸公路，這裡有白
沙、有礫石，也有岩塊，是潮間帶戶外教學好地
方。沙灘區有蟹類，礫石及岩塊之下也有豐富
的無脊椎動物。沙灘區有一條小溪入海，上岸後
可清洗採集工具。春夏季，此區海岸附近
也適合露營，但需自備飲用水。有一
年7月，我和朋友在淤積的金沙灣漁
港內露營，此漁港已全被海沙堆
積，成為一個好營地，最讓我意外
的是，炎炎仲夏，晚上竟然都沒有
蚊蟲干擾，沙灘上多漂浮而來的枯
木，可以升個小營火，三五好友，烤著肉，喝
罐啤酒，舒緩都市緊張的生活。

漁舟蜑螺

金沙灣左側約300公尺的淤塞漁港是露營的好地方

金環寶螺

凹足陸寄居蟹

結螺

可見物種：

　軟體動物：白星螺、花冠芋螺、斑芋螺、粗紋峨螺、貨幣寶螺、金環寶螺、雪山寶螺、腰斑寶螺、愛龍寶螺、鐵斑岩螺、腰帶筆螺、稜結螺、結螺、台灣玉黍螺、粗紋玉黍螺、羅螺、橄欖螺、花麥螺、草席鐘螺、臍孔黑鐘螺、齒輪鐘螺、細紋鐘螺、短拳螺、黑肋蜑螺、鴨嘴螺、海蜷蟹守螺、漁舟蜑螺、大圓蜑螺、黑圓蜑螺、玉女蜑螺、芝麻螺、花瓶鳳凰螺。

　棘皮動物：梅氏長海膽、尖棘篩海盤車、呂宋棘海星、白尖紫叢海膽、紫海膽、白棘三列海膽、蕪櫛蛇尾、巨綠蛇尾、環棘鞭蛇尾。

　其它：海蟑螂、細紋方蟹、凹足陸寄居蟹。

漁舟蜑螺

金沙灣右側海岸

金沙灣左側海岸

大圓蜑螺

橄欖螺

交通資訊：

　　緊臨濱海公路，交通方便。

觀賞季節：

　　冬季外，一年皆宜。

注意事項：

　　此區不適合浮潛及其他水上活動，僅適合在潮間帶觀察及教學。

鴨嘴螺

臍孔黑鐘螺

澳 底

　　這裏屬於東北角礁岩海岸地形，退潮時潮間帶較廣，岩石下及岩縫中有許多礁岩生物躲藏，是很好的大自然教室。這裡的特色是多石塊，您可以多翻翻一些石頭，常有意想不到的收獲，但記得將石塊翻回原位，因為石頭下有很多怕光的生物（負趨光性），許多生物的幼蟲也都躲在石塊下方，不翻回來，牠們會死亡。

石碇溪出海口的紅螯螳臂蟹。

　　較特別的生物是低潮線附近岩石下吸附的一種海星，名叫花冠海燕，牠有很好的保護色，身體直徑大約有五公分，常隨著吸附的岩石，而有不同的花色。

　　這裏有一個小港，僅有一個水泥平臺，長約十公尺，專停膠筏及舢板，這幾艘膠筏在近岸處設網捕魚，魚網上常網住大型寄居蟹和貝殼，漁民將這些貝殼棄置在岸邊水泥平台兩側，稍加留意，常有意想不到的收穫，我就撿了不少亮麗的貝殼。

　　值得一提的是，旁邊的石碇溪出海口已建成親水公園，風景優美，在河岸的步道上散步，可飽覽海岸風光。有幾次，我就在親水公園的出海口露營，利用晚上的退潮觀察海岸生物，有相當多美好的回憶。

澳底的石碇溪出海口已規劃成親水公園。

銀絲寶螺

似雕滑面蟹

高麗石鱉

軟體動物：星笠螺、白星螺、花冠芋螺、斑芋螺、殺手芋螺、焦黃峨螺、粗紋峨螺、千手螺、黑千手螺、阿拉伯寶螺、雪山寶螺、銀絲寶螺、腰斑寶螺、愛龍寶螺、蚵岩螺、鐵斑岩螺、紫口岩螺、黃齒岩螺、角岩螺、白結螺、九孔螺、腰帶筆螺、稜結螺、台灣玉黍螺、粗紋玉黍螺、紫口海兔螺、海兔螺、結螺、紫口旋螺、多稜旋螺、赤旋螺、大赤旋螺、羅螺、橄欖螺、花麥螺、麥螺、草席鐘螺、花斑鐘螺、臍孔黑鐘螺、齒輪鐘螺、黑鐘螺、白星螺、高腰蠑螺、鴨嘴螺、海蜷蟹守螺、黑肋蜑螺、漁舟蜑螺、黑圓蜑螺、玉女蜑螺、芝麻螺、金口蛙螺、鵝法螺、珠螺、短拳螺、長拳螺。厚殼縱簾蛤、網目簾蛤、紫晃蛤、鬍魁蛤、算盤蛤、黑蝶珍珠蛤、海瓜子蛤、波紋櫻蛤。

棘皮動物：棘輻肛參、白底輻肛參、黑赤星海參、棘手乳參、黃疣海參、米氏怪參、尖棘篩海盤車、花冠海燕、口鰓海膽、梅氏長海膽、白尖紫叢海膽、紫海膽、白棘三列海膽、環鋸棘頭帕、巨綠蛇尾、環棘鞭蛇尾。

其它：球觸手海葵、萼柱珊瑚、海蟑螂、短腕小岩蝦、溝紋銼指寄居蟹、細紋方蟹、似雕滑面蟹、紅螯螳臂蟹、字紋弓蟹、印度光纓蟲、多囊海鞘。

退潮的澳底前潮間帶

退潮的澳底右側潮間帶

花冠海燕

字紋弓蟹

棘輻肛參

鶉螺

觀賞季節：

　　春、夏為佳。

交通資訊：

　　臨濱海公路，交通便利。確切地點在澳底漁港右側的礁岩海域，而非左側，離魚港約兩百公尺遠。街中心後的大廟前有小路可到達，車輛也可開到海邊，相當方便。

注意事項：

　　此區退潮時有許多可搬動的石塊，下方躲著許多生物，很適合作潮間帶採集。除非泳技很好，否則不要進行浮潛。

澳底海邊間營地

馬　岡

　　馬岡位於三貂角燈塔之下，是一個臨海的小漁村，村內有一小漁港稱爲馬岡港。港的左側有幾個九孔池，池外是採集及觀察生物的好地方。

　　沿著九孔池畔往海邊走，即可來到此區，這裡有防波堤保護，又有九孔池的水匯出，藻類生長良好，石塊下有許多生物躲藏，適合浮潛。

　　馬岡港前有一大片潮間帶平台，海邊有很多石塊，退潮時也非常適合作潮間帶觀察及採集，輕輕將石塊翻起，石下躲著各種生物。

馬岡左側海岸

馬岡右側的小漁港

馬岡前的潮間帶

細紋方蟹

岩洞中的巨綠蛇尾

隱綿蟹的背面

可見物種：

軟體動物：鴨嘴螺、花笠螺、白星螺、花冠芋螺、晚霞芋螺、斑芋螺、殺手芋螺、粗紋峨螺、浮標寶螺、阿拉伯寶螺、雪山寶螺、銀絲寶螺、腰斑寶螺、愛龍寶螺、貨幣寶螺、白星寶螺、鐵斑岩螺、紫口岩螺、黃齒岩螺、金絲岩螺、玫瑰岩螺、白結螺、九孔螺、腰帶筆螺、稜結螺、台灣玉黍螺、顆粒玉黍螺、粗紋玉黍螺、海兔螺、結螺、紫口旋螺、多稜旋螺、草席鐘螺、臍孔黑鐘螺、齒輪鐘螺、黑鐘螺、細紋鐘螺、高腰蠑螺、短拳螺、黑肋蜑螺、鴨嘴螺、漁舟蜑螺、黑圓蜑螺、玉女蜑螺、粗紋蜑螺、粗紋峨螺、珠螺、麥螺、花麥螺、短拳螺、羅螺。鬚魁蛤、算盤蛤、黑蝶珍珠蛤、波紋櫻蛤、黑齒牡蠣。

棘皮動物：非洲異瓜參、黑赤星海參、白底輻肛參、棘手乳參、尖棘篩海盤車、呂宋棘海星、梅氏長海膽、白尖紫叢海膽、紫海膽、環鋸棘頭帕、巨綠蛇尾、環棘鞭蛇尾。

其它：海扁蟲(扁形動物門)、海蟑螂、短腕小岩蝦、溝紋銼指寄居蟹、鈍額曲毛蟹、細紋方蟹、絨螯近方蟹、肉球近方蟹、肉球皺蟹、環紋金沙蟹、裸掌盾牌蟹、平背蜞、隱綿蟹、龜爪藤壺、印度光纓蟲、多囊海鞘。

呂宋棘海星

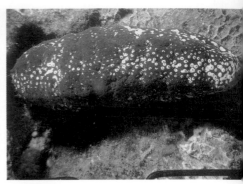

白底輻肛參

尖棘篩海盤車

一隻隱綿蟹背上背了一塊海綿，躲在海藻下，被翻了過來，露出腹面

海扁蟲（扁形動物門）

龜爪

交通資訊：

　　位於三貂角燈塔下方，緊臨濱海公路，交通方便，停車也頗方便，可停於港前。

觀賞季節：

　　全年，但東北季風強勁時，僅適合作潮間帶採集。

注意事項：

　　此區潮間帶平坦，適合各種年齡層在潮間帶觀賞生物，但孩童不適合於此區浮潛。

台東之旅

杉原・基翬

台東之旅

　　我到墾丁地區做研究已快二十年，每個月都來回高速公路，二十年來對高速公路已經有些麻痺和恐懼。大約在五年前，我在回程時捨棄了高速公路，開始取道南迴公路，到台東做一天或兩天的採集，再由南橫回台中，或由台東北上花蓮，經中橫、霧社、埔里回台中。有時在南橫路上，有時在中橫露營。

　　來台東一定要到杉原和成功的基翬採集，這裡是岩礁海岸，有一些珊瑚礁，沒有污染，加上很少人到東部採集研究，生物種類豐富，而且和墾丁珊瑚礁區的生物類別有一些差異。

　　我通常都住台東成功鎮，晚上到旁邊的基翬做夜間採集，第二天在成功海岸採集攝影。五年來，對這裡的生物也相當熟悉。因此，東部海岸我介紹杉原和基翬兩個點，作為代表，這裡的海岸生物應該含蓋了大多數的東部海岸生物。

　　成功漁市場在下午三點左右有漁船入港，有許多近海大型魚類入港，如鮪魚、鬼頭刀、旗魚、各類鯊魚等，可以看到許多東部海域的大型魚類，值得一遊。

　　台東的三仙台也是一個很好的景點，但因為它是一個風景區，遊客多，下水觀察也多有限制，所以我捨棄了這一個景點。另一個原因是這個點就在基翬旁邊，生物相應該很相近。

秀姑巒溪出海口　　　　　　　　　　　　　台東的加母子海岸

東部的太平洋海岸

成功鎮的漁市場　　　　　　　宰殺魚獲（成功漁市）　　　　有人圍在一起拍賣魚獲，有人作畫（成
　　　　　　　　　　　　　　　　　　　　　　　　　　　　　　　功漁市）

杉　原

杉原位於杉原海水浴場的北岸（左側），這裡是礁岩海岸，有一些珊瑚礁岩，旁邊的杉原海水浴場是沙岸，二種地形混合，許多礁岩生物和沙岸都可以在這裡看到。

尖頭織紋螺

每次到台東，我都習慣來到這裡探集，天氣好就浮潛，天氣差就在潮間帶走走，翻翻石塊，拍些照片，成果常常也不比浮潛差。如果在農曆初一或十五的大退潮，更可在低潮線附近看到多種露出水面的珊瑚；退潮時潮間帶寬廣，很適合東部學校或機關團體戶外教學及生態旅遊。

附近的礫石海岸

杉原前的珊瑚礁海岸

玫瑰岩螺

腰帶筆螺

金口蠑螺

鬱金香芋螺

稜結螺

紅鬍魁蛤

可見物種：

軟體動物：粗紋峨螺、斑馬峨螺、
金環寶螺、白結螺、臺灣玉黍螺、波
紋玉黍螺、結螺、稜結螺、細紋鐘
螺、雪山寶螺、花冠芋螺、鬱金香芋
螺、玫瑰岩螺、金口蠑螺、腰帶筆
螺。紅鬍魁蛤、鬍魁蛤、袋狀江珧
蛤、石磺。

棘皮動物：蜈蚣櫛蛇尾、環棘鞭蛇
尾、梅氏長海膽、非洲異瓜參。

其他：盤狀仙人掌藻、范氏蠕藻、
香蕉藻、櫻花蝦、叢生棘杯珊瑚。

斑馬峨螺

叢生棘杯珊瑚

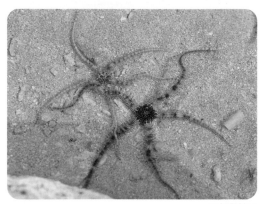

蜈蚣櫛蛇尾

環棘鞭蛇尾

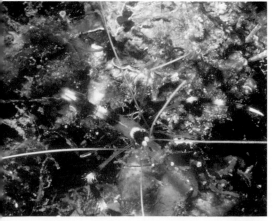

櫻花蝦

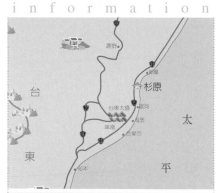

台東之旅

杉原

交通資訊：

　　沿11號省道（濱海公路）過了台東，約十分鐘即可到達杉原海水浴場，此點緊鄰濱海公路，交通方便，公路兩旁即可停車。路旁有一天后宮，緊臨海邊，廟前可停車，也可直接下到海邊，非常方便。

觀賞季節：

　　全年皆宜，春夏為佳。

注意事項：

　　此區有多種海岸地形，礫石上常有藻類，請注意濕滑的礫石，以免摔傷。

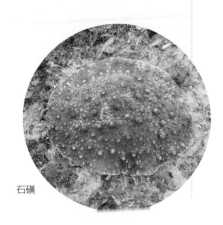

石磺

非洲異瓜參

盤狀仙人掌藻

范氏蠕藻

香蕉藻

基 翬

此點位於成功與三仙台之間，是一個小海灣，左側有一個小碼頭，目前沒有漁船停靠，每天下午三、四點有前往外海收定置網漁獲的漁船靠岸，防波堤左岸是一個礁岩平台，相當寬廣，生物相豐富，非常適合採集與教學。

我喜歡在這裡進行夜間採集，因為來這裡的人較少，晚上退潮，許多生物由石塊下爬出，在潮池活動，常有意外的收穫。如果是白天，則多搬動岩塊，生物多躲在石塊下方。

海灣前有一個無人看管的小廟宇，碼頭平台及沙灘均可露營，非常安靜。晚上煮一鍋小火鍋，飯後一罐啤酒，頂著滿天星斗，聽著潮聲，也是人生一大享受。

基翬左側的潮間帶生物相豐富

基翬的小港灣及右側的礁岩海岸

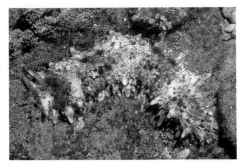

糙利參

花刺參

一種不知種名的海參

真錨參

褶錨參

可見物種：

軟體動物：蟾蜍蛙螺、果粒蛙螺、粗紋峨螺、花笠螺、海蜷蟹守螺、桑椹蟹守螺、斑芋螺、花環芋螺、鬱金香芋螺、芝麻芋螺、小斑芋螺、金環寶螺、阿拉伯寶螺、腰斑寶螺、黃寶螺、紫口岩螺、黃齒岩螺、斑馬峨螺、驢耳鮑螺、水字螺、腰帶筆螺、火焰筆螺、大焰筆螺、結螺、稜結螺、橄欖螺、漁舟蜑螺、白肋蜑螺、粗紋蜑螺、台灣玉黍螺、豹耳螺、網紋松螺、花瓶鳳凰螺、鐵斑岩螺、冠岩螺、角岩螺、圓蠑螺、咖啡濱耳螺、條紋濱耳螺、綠臍鐘螺。鬚魁蛤、網目簾蛤、厚殼縱簾蛤、袋狀江珧蛤。

棘皮動物：花刺參、糙刺參、棘輻肛參、醜海參、蜈蚣櫛蛇尾、環棘鞭蛇尾、金黃錨參、真錨參、顆粒蛇星、褶錨參。

其它：大型總狀蕨藻、大葉仙人掌藻、臺灣綠毛藻、瘤皮群海葵、纖細海葵、膜形笠珊瑚、糾結千孔珊瑚。環指硬殼寄居蟹、光螯硬殼寄居蟹、鈍額曲毛蟹、寬胸細螯寄居蟹、線斑真寄居蟹、粗糙酋婦蟹、光手酋婦蟹。

糾結千孔珊瑚

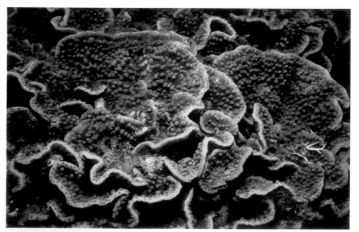

膜形笠珊瑚

顆粒蛇星

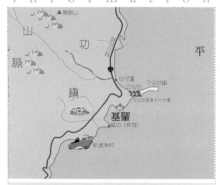

交通資訊：
　此點雖然不是緊鄰公路旁，但離濱海公路不遠，車程只要五分鐘。小客車可沿產業道路開至海邊，全程皆鋪設泊油路，交通非常便利。

觀賞季節：
　全年皆宜，但春夏為佳。

注意事項：
　此區高潮區多礫石，相當濕滑，行走多小心。

小斑芋螺

豹耳螺

芝麻芋螺　　　　　　　　　　　　　　咖啡濱耳螺

纖細海葵

串珠雙輻海葵

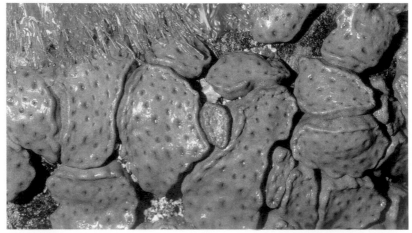

瘤皮群海葵

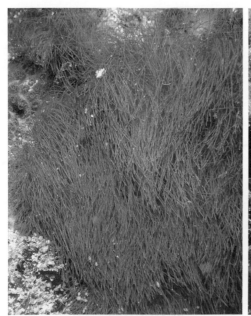

大型總狀蕨藻

台灣綠毛藻

大葉仙人掌藻

蘭嶼之旅

椰油
開元舊港
虎頭坡
洞口
蘭恩前潮間帶
雙獅岩
東清灣

蘭嶼之旅

第一次到蘭嶼是在一九八三年的大學時代，當時修了一門海洋生態學的課，教授利用春假帶我們到這個小島來作戶外教學。大老遠從台中坐車到台東，在台東富岡漁港坐了近八個小時的船才到蘭嶼，暈得我膽汁差點吐了出來。當時我們師生十多人借宿在椰油國中禮堂，晚上差點被蚊子「扛走」！

這個島讓我印象最深刻的是產好多貝殼和寄居蟹，雅美族小朋友用臉盆裝寄居蟹和貝殼在村上賣，我也在海邊撿了好幾袋的貝殼。

晚上，我請小朋友帶我去抓寄居蟹，他們欣然同意。他們帶我到海邊的垃圾堆中就撿了好幾袋，他們說：「有一個地方還很多，你敢不敢去？」「當然敢！」我回答，他們笑著，前拉後推，將我帶到海邊，這裡臭氣衝天，原來是他們的露天廁所。那一晚，果然我抓了好多寄居蟹。其實，我要的不是寄居蟹，而是要找牠身上的貝殼。在寄居蟹身上，我就蒐集了五十多種的貝殼。哇！原來這樣抓寄居蟹和找貝殼是這麼有效率的！還好這些貝殼沒有一股臭味。

再來蘭嶼島是我念研究所及當研究助理的時候，我們實驗室的一個潛水團隊常來這裡做調查，那時就開始搭飛機、住旅館，匆匆忙忙，不過我還是懷念那段住學校禮堂、被蚊子咬的日子。

現在我到蘭嶼都是利用暑假，一來就是十天或二個禮拜，住原住民的民宿。

蘭嶼最讓我懷念的是那乾淨的海水、青翠的山巒和慢半拍的生活步調。在這裡，我總是將生活步調刻意放慢許多，盡情享受熱帶風情。

蘭嶼島的一角

蘭嶼海岸少見的沙岸

這裡的海岸生物相當豐富，我喜歡在此浮潛及攝影，由於海水非常乾淨，拍出來的海洋生物照片特別清晰。

暑假到蘭嶼，天氣十分炎熱，常讓人有中暑的暈眩感。我比較喜歡在早晨及下午四點以後在岸邊活動。來蘭嶼，如果沒有安排好行程，很容易讓人覺得無聊，一天兩天就想搭飛機回台灣。因此，我建議可以組一個大約十個人的團隊，人多熱鬧，玩起來也盡興。

由於須搭飛機前來，行李頗多，不建議露營。我建議住民宿或旅館，民宿一天約三百元，相當經濟；旅館通鋪約四百元，也不貴。開元港附近有一家福利中心，就在環島公路上，日用品、蔬菜、生鮮魚肉都有供應，非常方便。

現在我到蘭嶼都喜歡住民宿，租一部機車，愛到哪裡就到哪，三餐都買福利站的蔬果魚肉回民宿料理，簡單衛生。如果不想煮，就到村上小吃店解決。如果不知道找哪家民宿，機場旁有一家蘭恩天主教會，裡面有人可以為您介紹民宿，民宿主人甚至可以前來帶領。教會正在協助雅美原住民自力更生，民宿是他們發展重點之一，所以他們非常樂於服務，提供民宿資料。

蘭嶼的代表是雅美族人的獨木舟(拼板船)

蘭嶼的饅頭山及椰油村

開元新港及舊港

椰　油

　　椰油國中後方有一片潮間帶，緊鄰椰油村，是較方便的採集點。此點右側（北岸）有一個小灣，是獨木舟上下岸之處，小灣附近適合浮潛。每次我到蘭嶼，總是會到這個點來浮潛，再於退潮時進行潮間帶採集，此區的貝殼相豐富。

由飛機上鳥瞰椰油村及椰油港

椰油港到饅頭山之間的海岸

金塔玉黍螺

翡翠葡萄螺

空杯麗葡萄螺

可見物種

軟體動物：星笠螺、鬍魁蛤、塔蟹守螺、棘刺蟹守螺、淡斑蟹守螺、桑椹蟹守螺、小斑芋螺、花冠芋螺、斑芋螺、晚霞芋螺、柳絲芋螺、花環芋螺、花玉螺、矮毛法螺、雪山寶螺、黃寶螺、紫口岩螺、玫瑰岩螺、白結螺、斑馬峨螺、障泥蛤、花紋障泥蛤、釣錘旋螺、多稜旋螺、波紋旋螺、咖啡旋螺、腰帶旋螺、黑紋塔旋螺、花焰筆螺、白瘤筆螺（小核果螺）、橄欖螺、漁舟蜑螺、粗紋蜑螺、麥螺、金塔玉黍螺、長硨磲蛤、血斑鐘螺、空杯麗葡萄螺、翡翠葡萄螺。陸氏多彩海蛞蝓、丘凸葉海牛、威氏多彩海蛞蝓、葉海牛、紅斑刺海牛、長尾背肛海牛。

棘皮動物：花刺參、多篩指海星、巨彩羽枝、梅氏長海膽、白棘三列海膽、棕緣蛇星、蜈蚣櫛蛇尾、齒櫛蛇尾、黑櫛蛇尾、環棘鞭蛇尾。

其他：紫側孔珊瑚、灰白陸寄居蟹、巨原管蟲、巨枝鹿角珊瑚。

黑紋塔旋螺

巨原管蟲

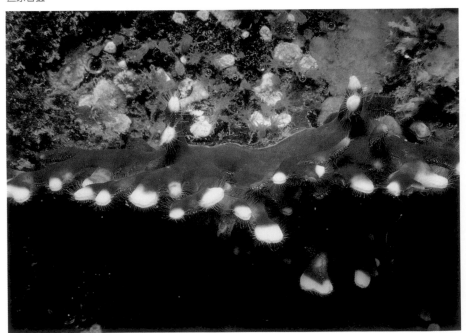

紫側孔珊瑚

花刺參

齒櫛蛇尾

交通資訊

　　緊鄰環島公路，但位於椰油村內，交通非常方便。

觀賞季節

　　全年，春、夏為佳。

注意事項

　　潮間帶岩石非常尖銳，務必穿著厚底球鞋，小心行走。蘭嶼海域海底落差大，浮潛時不要離岸邊太遠，注意安全。

黑櫛蛇尾

灰白陸寄居蟹

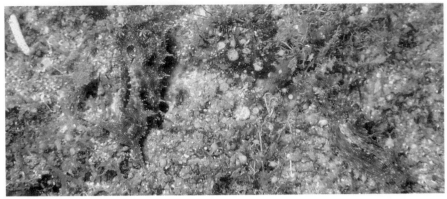

長尾背肛海牛

陸氏多彩海蛞蝓

威氏多彩海蛞蝓

丘凸葉海牛

紅斑刺海牛

梅花參

花玉螺

葉海牛

開元舊港

　　開元舊港大小約只有一個籃球場大，新港建好之後，舊港已很少使用，但港內水泥壁上長了許多珊瑚、海綿、藻類，水質清澈，生物相豐富，非常適合浮潛，觀賞或拍攝岩壁上的生物。這裡是一個小港，只有向外的一個出口通向大海，比較安全。

　　退潮時，港內水深約三到四公尺，底質是泥沙和礫石混合區，四月早春，我在港內發現許多笠藻，非常美麗。礫石下也黏有海鞘和其他大型無脊椎動物。

開元舊港

右邊長方形小漁港即為舊港，左邊新港內停有許多船隻

虎紋參

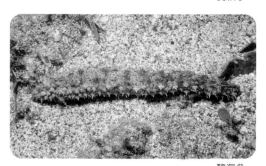

醜海參

褶錨參

印度背鱗蟲

可見物種

　軟體動物：大管蛇螺、果粒蛙螺、紫霞芋螺、草蓆鐘螺、花鹿寶螺、腰斑寶螺、白星寶螺、黃齒岩螺、玫瑰岩螺、白結螺、草莓結螺、細粒玉黍螺、水字螺、多稜旋螺、黑紋塔旋螺、細點玉黍螺、波紋玉黍螺、腰帶筆螺、尖銳筆螺、草莓結螺、花玉螺、黑肋蜑螺、白肋蜑螺、台灣玉黍螺、顆粒玉黍螺、黑蝶珍珠蛤、櫻花蝦、大岩螺、金絲岩螺、血斑鐘螺、貓眼蠑螺、空杯麗葡萄螺。高貴海扇蛤、袋狀江珧蛤。長尾背肛海牛、駁邊舌尾海蛞蝓、伊麗沙白多彩海蛞蝓。

　棘皮動物：虎紋參、醜海參、褶錨參、綠蛛蛇尾、網盾海膽、藍環冠海膽、梅氏長海膽、環棘刺海膽、冠刺棘海膽、冠棘真頭帕、白棘三列海膽、多篩指海星。

　其它：環球線簇海鞘、隱囊多囊海鞘、印度背鱗蟲、蕨形角海葵、巨枝鹿角珊瑚、圈紋菊珊瑚。

一種多彩海牛

環球線簇海鞘

隱囊多囊海鞘

伊麗沙白多彩海蛞蝓

陸氏多彩海蛞蝓

尖銳筆螺

交通資訊

　距椰油村僅數百公尺，緊鄰環島公路。

觀賞季節

　全年，只要港內風浪平靜即可浮潛。

注意事項

　此區沒有潮間帶，水中無可立足之處，要在此採集及攝影一定要浮潛，游泳技術差者不要在此區活動，更不要游出港外。岸邊水泥地濕滑，注意安全。

蘭嶼之旅

開元舊港

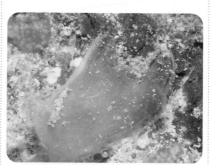
港內石塊下的海鞘

77

白棘三列海膽

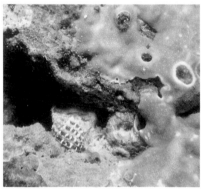

草莓結螺

蕨形角海葵

多篩指海星

長尾背肛海牛

駁邊蛇尾海蛞蝓

空杯麗葡萄螺

虎 頭 坡

　　虎頭坡位於饅頭岩左側，在蘭嶼島的西側，此區岸邊珊瑚生長良好，退潮時適合做潮間帶採集及浮潛。潮間帶以貝類及甲殼類較豐富，浮潛時可以觀察到許多海蛞蝓。此區潮間帶也適合作夜間採集。

虎頭坡與饅頭山之間的海岸

虎頭坡與饅頭山之間的海岸

虎頭坡海岸位於饅頭山的左側

白肋蜑螺

紫口寶螺

紅斑塔旋螺

可見物種

　軟體動物：大管蛇螺、竹筍芋螺、
紅斑塔旋螺、紫口寶螺、白肋蜑螺、
黑肋蜑螺、藍紋繡邊海牛。
　棘皮動物：藍指海星、畫櫛蛇尾、
紫棘蛇尾、哥倫比亞蛇星、單鏈蛇
星、麗紅蛇星、紫叢海膽、梅氏長海
膽、白棘三列海膽。
　其他：巨枝鹿角珊瑚、藍珊瑚、蟳
形美麗海葵、珊瑚細螯寄居蟹、善泳
蟳、銅鑄熟若蟹。

竹筍芋螺

藍紋繡邊海牛

麗紅蛇星

藍指海星

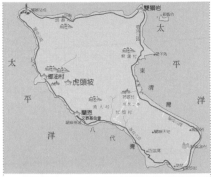

書櫛蛇尾

交通資訊

位於饅頭山左側的潮間帶，緊鄰環島公路，由椰油村步行至此約15分鐘。

觀賞季節

全年，但以春、夏為佳。

注意事項

礁岩銳利，注意行走安全。

紫棘蛇尾

單鏈蛇星

哥倫比亞蛇星

蟌形美麗海葵常附著在大型寄居蟹的貝殼上

善泳蟳

珊瑚細螯寄居蟹

銅鑄熟若蟹

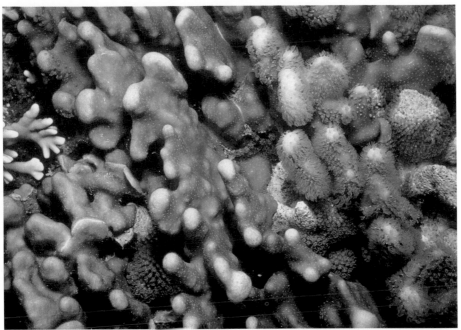

藍珊瑚

斑錨參

洞　口

　　洞口位於紅頭岩之前，公路穿過二塊巨石，形成洞口，此區位於蘭嶼西北角。由於東北季風受到山的阻隔，蘭嶼西部海域珊瑚礁發展較佳。此區在退潮時是最佳的潮間帶採集點，多潮池，生物相豐富，此區也很適合做夜間採集，這裡的生物是蘭嶼西岸珊瑚礁生物的典型及代表。此區也適合浮潛。

蘭嶼環島公路的洞口名稱由來

由洞口的公路上眺望海岸潮間帶

鴨青螺

大管蛇螺

果粒蛙螺

可見物種

　軟體動物：白肋蜑螺、黑肋蜑螺、鴨青螺、大管蛇螺、果粒蛙螺、白星寶螺、雪山寶螺、拉氏薄殼螺、洋蔥螺、壺螺、黑斑筍螺。

　棘皮動物：棕緣蛇星、多篩指海星、白棘三列海膽、紫叢海膽、梅氏長海膽、蜈蚣櫛蛇尾、齒櫛蛇尾、黑櫛蛇尾、環棘鞭蛇尾、短腕櫛蛇尾、輻蛇尾。

　其他：巨枝鹿角珊瑚、膜形笠珊瑚、大旋鰓虫、蝙蝠毛刺蟹。

洋蔥螺

此區的潮溝

洞口前的海岸潮間帶

大旋鰓蟲是大型潮池及水深1-5公尺常見的環節動物，多棲息於活的微孔珊瑚身上。

交通資訊

　　緊鄰環島公路。

觀賞季節

　　全年皆宜。

注意事項

　　礁岩濕滑，注意行走安全。潮池內一些岩塊之下躲著許多生物，需搬開岩石，才容易發現。

棕緣蛇星

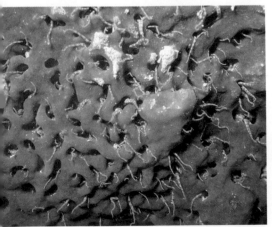

輻蛇尾常成群躲在海綿的出水孔中，只露出2～3隻長腕

蝙蝠毛刺蟹

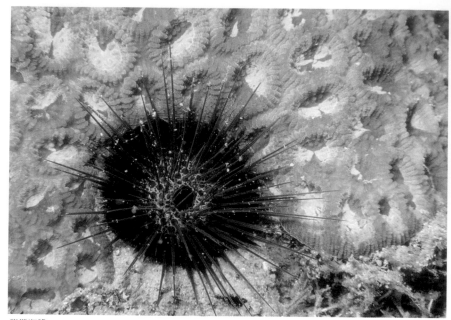

紫叢海膽

拉氏薄殼螺

雪山寶螺

白星寶螺

壺螺

短腕櫛蛇尾

黑斑筍螺

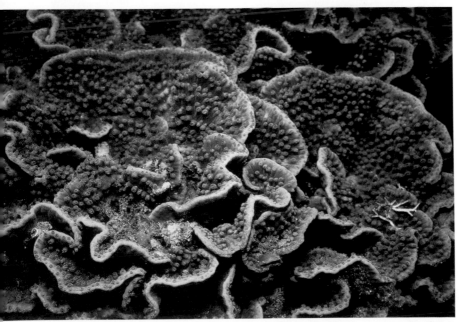

膜形笠珊瑚

蘭恩前潮間帶

　　在蘭嶼機場盡頭有一座蘭恩天主教會，前面左側潮間帶的珊瑚區也是一個採集點，礁岩生物也頗豐富，貝類也不少，適合潮間帶採集及夜間採集，但此區水流較急，不適合浮潛或其他水上活動。

梨皮寶螺

蘭恩是蘭嶼的一個教會，位於機場旁

蘭恩右岸的海岸

蘭恩左岸的海岸

髮水母（蘇焉攝）

飛彈芋螺

多稜旋螺

可見物種

　軟體動物：多稜旋螺、釣錘旋螺、飛彈芋螺、梨皮寶螺、愛龍寶螺、疙瘩寶螺、鈴蛤、玉兔螺、紫口海兔螺、血跡蛙螺、金色美法螺、大象法螺、豔紅美法螺、大法螺、唐冠螺、大白蛙螺。

　棘皮動物：棕緣蛇星、多篩指海星、白棘三列海膽、紫叢海膽、梅氏長海膽、蜈蚣櫛蛇尾、齒櫛蛇尾、黑櫛蛇尾、環棘鞭蛇尾、短腕櫛蛇尾。

　其它：髮水母、巨枝鹿角珊瑚。

玉兔螺

鈴蛤

金色美法螺

釣錘旋螺

大象法螺

大白蛙螺

大法螺

血跡蛙螺

豔紅美法螺

紫口海兔螺（蘇焉攝）

愛龍寶螺

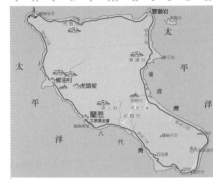

交通資訊

　緊鄰環島公路，交通方便。

觀賞季節

　春、夏為佳。

注意事項

　礁岩濕滑，高潮區岩石尖銳，注意行走安全。

疙瘩寶螺

唐冠螺

雙獅岩

　　雙獅岩位於蘭嶼東北角，此
區受到東北季風影響，冬天不
適合採集，但春夏是很好的採
集季節。這裡的生物相是蘭嶼
北岸生物的代表，低潮區的潮
池及潮溝中生物豐富，特別是
螺類。

長趾方蟹

雙獅岩海岸。雙獅岩左右兩側的潮間帶是很好的採集點，這裡的生物是蘭嶼北岸生物典型代表，
這裡也適合作夜間觀察

白紋方蟹

鈍額曲毛蟹

肉球皺蟹

可見物種

　軟體動物：九孔螺、鴨嘴螺、斑芋螺、晚霞芋螺、樂譜芋螺、紫口岩螺、玫瑰岩螺、棘黍螺、多稜旋螺、波紋玉黍螺、腰帶筆螺、縱斑筆螺、白肋蜑螺、星笠螺、大岩螺、血斑鐘螺、金環寶螺、阿拉伯寶螺、雪山寶螺、山貓寶螺、黃寶螺、車輪笠螺、鴨青螺、細點玉黍螺、粗紋玉黍螺、大焰筆螺、大紅牙筆螺、窗結螺、結螺、白結螺、羅螺、顆粒玉黍螺、金獅芝麻螺、芝麻螺、花瓶鳳凰螺、鐵斑岩螺、冠岩螺、小石蜑螺、桑椹蛹筆螺、橙口榧螺、障泥蛤、尖角江珧蛤、紫晃蛤、鬚魁蛤、黑蝶珍珠蛤、廣口珊瑚螺。

　棘皮動物：棘冠海星、多節指海星、蛇目白尼參、黑赤星海參、梅氏長海膽、棕緣蛇星、蜈蚣櫛蛇尾、齒櫛蛇尾、黑櫛蛇尾、白棘三列海膽、環棘鞭蛇尾。

　其他：巨枝鹿角珊瑚、長趾方蟹、白紋方蟹、環紋金沙蟹、淺礁梭子蟹、肉球皺蟹、鈍額曲毛蟹、油彩蠟膜蝦。

淺礁梭子蟹

油彩蠟膜蝦（李坤瑄提供）

棘冠海星

蛇目白尼參

蘭嶼之旅

雙獅岩

交通資訊

緊鄰環島公路,交通方便。

觀賞季節

春、夏較佳。

注意事項

礁岩地形,注意行走安全。此區海流較急,不適合浮潛及其他水上活動。

鴨嘴螺

陣笠海膽

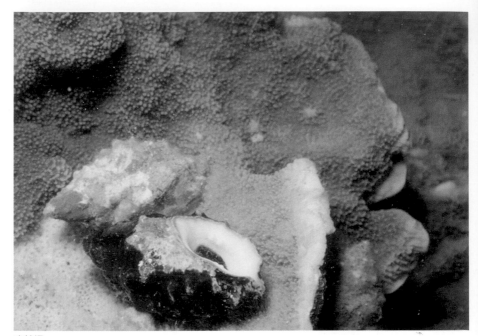

白結螺

廣口珊瑚螺

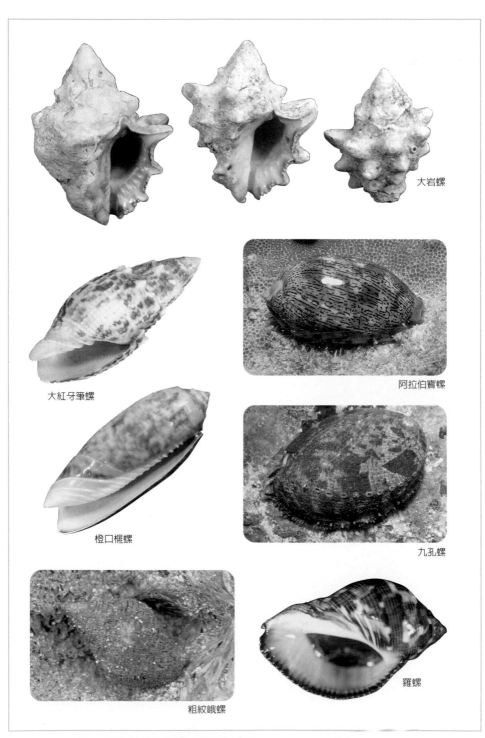

大岩螺

大紅牙筆螺

橙口榧螺

阿拉伯寶螺

九孔螺

粗紋峨螺

羅螺

東　清　灣

　　東清灣位於島的東側，右邊有礁岩平台，生物相是東岸的代表，適合潮間帶採集與觀察。春夏季節，灣內風平浪靜，非常適合浮潛，常有原住民小朋友在此戲水。東清灣風景優美，是一個重要的景點。

長拳螺

將軍芋螺

東清灣有凸出的礁岩

東清灣前的海灣

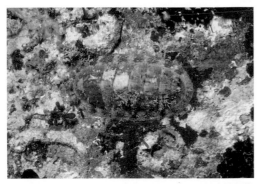
大駝石鱉

多毛鱗蟲

可見物種

軟體動物：鼠眼透孔螺、花笠螺、射線青螺、小廣口螺、鵜足青螺、長拳螺、將軍芋螺、粗紋玉黍螺、顆粒玉黍螺、紅鬚魁蛤、大駝石鱉。

棘皮動物：花刺參、多篩指海星、梅氏長海膽、蜈蚣櫛蛇尾、齒櫛蛇尾、黑櫛蛇尾、白棘三列海膽、環棘鞭蛇尾。

其他：蛞蝓匐石珊瑚、糾結千孔珊瑚、腎形陀螺珊瑚、疣表孔珊瑚、波形表孔珊瑚、葡萄軸孔珊瑚。

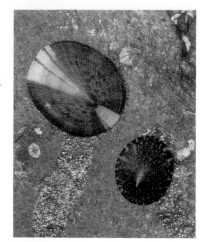

射線青螺

粗紋玉黍螺

鼠眼透孔螺

鵜足青螺

顆粒玉黍螺

紅鬚魁蛤

小廣口螺

交通資訊

　緊鄰環島公路，交通方便。

觀賞季節

　全年，春、夏較佳。

注意事項

　礁石濕滑尖銳，小心行走。水性不佳者勿浮潛或游泳。

蘭嶼之旅

東清灣

花笠螺

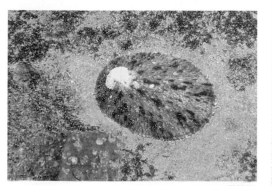

蛞蝓匍石珊瑚

疣表孔珊瑚

糾結干孔珊瑚

匍匐軸孔珊瑚

腎形陀螺珊瑚

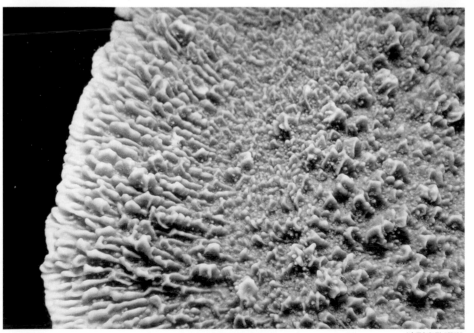

波形表孔珊瑚

墾丁之旅

恆春半島

　　恆春半島的珊瑚礁海域是我相當熟悉的地方，從1984年始，我幾乎每月來這裡作研究，碩士及博士論文也是以這裡的海參為材料。

　　珊瑚礁生物之美不用多說，種類繁多的生命更是教學的好地方。珊瑚礁地區不僅生物多樣性高，環境的岐異度也大，多樣的環境提供了不同生物的棲所。甚至於相同的棲所，白天和晚上來利用的生物種類也不同，這是珊瑚礁生物種類繁多的重要原因。

　　除了研究之外，每年我也會帶學生來這裡作潮間帶戶外教學。恆春半島有二處景點最適合作海岸戶外教學，一是南灣，另一個則是萬里桐。南灣緊臨屏鵝公路，交通便利；萬里桐臨萬里桐村，須自行開車前往。二處潮間帶寬廣，生物相豐富，均是生態旅遊的好地方。

　　這幾年到恆春半島觀光的人潮日增，珊瑚礁生態面臨很大壓力，建議您利用非假日來，生態旅遊的品質較高，也可順道參觀海洋生物博物館，多認識一些海洋生物。當您到海邊遊玩時，也請不要傷及這些小生命，或將牠們帶回家，讓生命留在大自然中。

船帆石

　　恆春半島的生態旅遊資源豐富，除了珊瑚礁生物及生態外，牡丹水庫、四重溪溫泉、龍鑾潭、社頂公園、佳樂水、風吹沙等，都是很好的景點，適合規劃為3天2夜旅遊。

風吹沙

後壁湖漁港

墾丁之旅

龍鑾潭

萬里桐

在墾丁國家公園境內，最適合作戶外教學之一的地方是萬里桐，地點位於萬里桐村之前，是一片寬廣的潮間帶。在國家公園海岸內，這裡的潮間帶應該是最寬廣的。我曾經在這裡完成了碩士及博士論文的野外工作，因此對這裡潮間帶生物及教學資源相當熟悉。

萬里桐潮間帶左側是個小海灣，以前是舢板的停泊處，現在港警遷移，舢板也不再停靠。天然的小海灣看起來似乎適合游泳及浮潛，但此處漲退潮時多暗流，請務必小心，水性不好者不要貿然下水。右邊是一大片潮間帶，潮間帶寬廣且生物豐富，我曾多次帶著學生來此作戶外教學，此景點就位於悠活渡假村之前。這裡非常適合作夜間戶外教學，但由於度假村就位於海邊，遊客天天到潮間帶活動，我擔心這裡的生態可能維持不了幾年。

這裡有豐富的海參，我一共發現20種之多，潮池中最豐富的是黑色的黑海參和蕩皮參，黑海參會行斷裂生殖。高潮區也有一種小海星，稱為擬淺盤小海燕，有很好的保護色(擬態)，這種海星在台灣只在這裡出現。

漲潮時的潮間帶一角

可見物種

軟體動物：海膽石鱉、鴨嘴螺、花笠螺、九孔螺、小楊桃螺、棘冠螺、棗螺、塔蟹守螺、棘刺蟹守螺、黑頂織紋螺、正織紋螺、尖頭織紋螺、花冠芋螺、小斑芋螺、斑芋螺、樂譜芋螺、鼠芋螺、鬱金香芋螺、織錦芋螺、寶島榧螺、白玉螺、黑唇玉螺、粗紋峨螺、黑千手螺、阿拉伯寶螺、百眼寶螺、雪山寶螺、腰斑寶螺、紫口寶螺、愛龍寶螺、金環寶螺、雨絲寶螺、山貓寶螺、龜甲寶螺、貨幣寶螺、疙瘩寶螺、黑星寶螺、白星寶螺、鐵斑岩螺、紫口岩螺、冠岩螺、金絲岩螺、鶉螺、粗齒鶉螺、黃齒岩螺、白齒岩螺、金口岩螺、玫瑰岩螺、角岩螺、鏈結螺、白結螺、腰帶筆螺、稜結螺、棘結螺、草莓結螺、顆粒玉黍螺、台灣玉黍螺、粗紋玉黍螺、波紋玉黍螺、紫口海兔螺、海兔螺、結螺、紫口旋螺、紅斑塔旋螺、多稜旋螺、赤旋螺、大赤旋螺、廣口珊瑚螺、花斑鐘螺、蚵岩螺、銀口蠑螺、金口蠑螺、貓眼蠑螺、美珠螺、黑肋蜑螺、白肋蜑螺、玉女蜑螺、漁舟蜑螺、大圓蜑螺、粗紋蜑螺、蟾蜍蛙螺、果粒蛙螺、突瘤蛙螺、金口蛙螺、焦黃峨螺、粗紋峨螺、鶉法螺、短拳螺、長拳螺、廣口珊瑚螺、粗皮珊瑚螺、紫口珊瑚螺、頂蓋螺、花牙筍螺、廣口螺、百肋鳳凰螺、紅嬌鳳凰螺、花瓶鳳凰螺、黑嘴鳳凰螺、淡斑蟹守螺、矮毛法螺、扭法螺、斑馬峨螺、水字螺、蜘蛛螺。腰帶筆螺、縱斑筆螺、粗斑筆螺、帝王筆螺、火燄筆螺、大燄筆螺、壺螺、唐冠螺。方形障泥蛤、花紋障泥蛤、長硨磲蛤、厚殼縱簾蛤、網目簾蛤、紫晃蛤、鬍魁蛤、算盤蛤、黑蝶珍珠蛤、綠孔雀蛤、波紋櫻蛤、環肋櫻蛤、黑齒牡蠣、銼弧櫻蛤、鞋魁蛤、尖角江珧蛤、石磺、。

棘皮動物：非洲異瓜參、黑海參、蕩皮參、黑赤星海參、棘輻肛參、白底輻肛參、棘手乳參、黃疣海參、虎紋參、棕環參、斑錨參、灰蛇錨參、褶錨參、真錨參、擬淺盤海燕、藍指海星、麵包海星、白棘三列海膽、卵圓斜海膽、口鰓海膽、梅氏長海膽、巨綠蛇尾、蜈蚣櫛蛇尾、齒櫛蛇尾、環棘鞭蛇尾、長大刺蛇尾、迷鱗片蛇尾。

其它：大型總狀蕨藻、大葉仙人掌藻、臺灣綠毛藻、盤狀仙人掌藻、范氏蠕藻、香蕉藻、叉側花海葵、四角招潮蟹、太平洋群體海葵、短腕小岩蝦、溝紋銼指寄居蟹、細紋方蟹、花紋細螯蟹、淺礁梭子蟹、銅鑄熟若蟹、環紋金沙蟹、肉球皺蟹、肝葉饅頭蟹、鈍額曲毛蟹、粗糙酋婦蟹、光手酋婦蟹、板葉雀屏珊瑚、圓管星珊瑚。

中潮區潮池中常可發現網目簾蛤（簾蛤科）的空殼

高潮區潮池中常可發現銼弧櫻蛤（櫻蛤科）的空殼

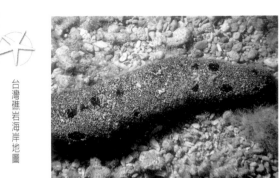

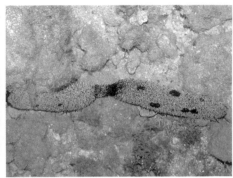

黑海參是此區潮池中另一種常見的黑色海參，牠和蕩皮參的最大差別是牠會在體表包裹一層細沙

黑海參會進行斷裂生殖，這裡的黑海參族群幾乎都是靠這種無性生殖而來

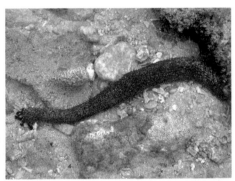

一隻被抓出來的黑刺星海參

蕩皮參是潮池中最常見的黑色海參之一

低潮線附近有許多黑刺星海參，牠半埋在沙地中只露出一團咖啡色的觸手

潮池中偶爾可見的斑錨參

潮間帶前方蓋了一座渡假旅館，未來對這裡的海岸生態會造成重大影響

退潮時，潮間帶多大型潮池

萬里桐前廣闊的潮間帶

墾丁之旅

萬里桐

交通資訊

　　緊臨國家公園海岸景觀道路，來這裡最好自備小客車或以巴士運輸，交通相當便利，配合本書所附地圖，很容易到達。本景點距海洋生物博物館只有5、6公里，又都位於海岸景觀道路旁，屬於同一路線，可以規劃成同一條生態旅遊路線。

觀賞季節

　　全年。墾丁地區屬於熱帶氣候，全年均適合戶外教學，但南灣海域及東岸的風吹沙、佳樂水很容易受到落山風的影響而無法作業。在落山風盛行的秋冬季節，則可以選擇西岸的萬里桐地區，這裡有山丘屏障，不受落山風影響，加上潮間帶寬廣，全年均適合戶外教學，這裏更是夜間採集及教學的好地方。

注意事項

　　在海邊活動，堅硬的岩礁很容易刺傷或割傷人，因此一定要穿著布鞋，不要穿著拖鞋。此地宵小猖狂，貴重物品勿置於車上。

梅氏長海膽是低潮線最常見的海膽，有黑色、綠色、白色等多種顏色

低潮線石塊下偶可發現麵包海星的幼體

亞潮帶麵包海星的成體

Q&A

會擬態的海星──擬淺盤小海燕

擬淺盤小海星是萬里桐常見的小型海星，夜行性，白天躲在岩石下，生活於高潮線附近的潮池中，有很好的偽裝色

全世界大約有一千五百種海星，生活在各種海洋環境中，從潮間帶到深海，由南、北極到熱帶，不論是沙岸或岩岸，都生活著許多海星。海星顏色美麗，體態變化多端，有大有小，有胖有瘦，腳少的有五隻，最多可達六十隻以上。身體大的直徑可達六十公分，小的只有一公分。其中，擬淺盤小海燕算是最不起眼、最會擬態的小型海星了。

在台灣，擬淺盤小海燕只出現在墾丁海域的萬里桐，是一種在潮間帶生活的小型海星，體盤直

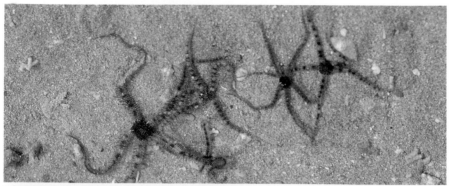

蜈蚣櫛蛇尾是萬里桐潮間帶最常見的蛇尾類（棘皮動物門：蛇尾綱）

石塊下常見的環紋金沙蟹

高潮區潮池中波紋櫻蛤（櫻蛤科）的空殼

徑通常不會超過二公分。牠是一種夜間活動的海星，白天躲在石塊下或岩縫中，晚上才出來找東西吃。食物是附著在岩石上的小藻類，可以說是吃素的海星。

一般海星都有五隻以上細長的手臂，可是擬淺盤小海星的手臂很小，已經有慢慢退化的趨勢。擬淺盤小海星有非常好的偽裝能力，牠不像一般海星顏色鮮豔美麗，牠身體的顏色幾乎和附著的石塊顏色相同，具有相當好的保護色，加上牠薄薄的身體吸附在岩石上，您可要仔細觀察，才可發現牠的蹤跡。

【註】：所謂擬態，就是生物本身的外型或顏色和四周環境非常相似，陸地上的昆蟲是最會擬態了，其中最有名的例子大概是蝴蝶的翅膀或毛毛蟲身上有像蛇眼般的大斑紋。另一個容易混淆的名詞是「偽裝」，它的意思是生物用身邊的材料，將自己裝扮得和四周的環境相似。擬態是生物的身體結構產生變化，和環境共同演化的結果。偽裝則是身體本身結構並不產生變化，而利用身邊的材料來掩飾自己。擬態和偽裝的目的是逃避敵人耳目，以達到生存的目的

紅柴坑

　　紅柴坑是一處緊臨海岸景觀道路的小村落，交通便利。村內有一座小型漁港，漁港兩邊均是天然礁岩，潮間帶多潮池及潮溝，生物相豐富，特別是貝類，非常適合進行戶外教學。

小漁港右側的潮間帶

紅柴坑村內的小漁港，水質清澈

潮池中石塊下的紅岩溝海葵（磯海葵科）

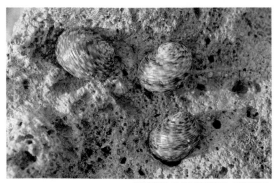

潮間帶常見的粗紋蜑螺（蜑螺科）

潮池中的粗糙扁海牛（海牛科）

可見物種

　　軟體動物：夜光蠑螺、花斑鐘螺、豆石蜑螺、蚵岩螺、波紋玉黍螺、粗紋玉黍螺、鏈結螺、稜結螺、斑芋螺、花冠芋螺、粗皮珊瑚螺、太平洋蟹手螺、棘岩螺、尖角江珧蛤、袋狀江珧蛤、鬚魁蛤、墾偏頂蛤、粗糙扁海牛。

　　棘皮動物：非洲異瓜參、黑赤星海參、棘手乳參、梅氏長海膽、巨綠蛇尾、環棘鞭蛇尾、輻蛇尾。

　　其它：大型總狀蕨藻、大葉仙人掌藻、臺灣綠毛藻、盤狀仙人掌藻、范氏蠕藻、香蕉藻、海蟑螂、細紋方蟹、光手酋婦蟹、少刺短槳蟹、雙齒相手蟹、直紋合葉珊瑚、圓管星珊瑚、萼柱珊瑚、雙隱咽星珊瑚、雙星珊瑚、圈紋菊珊瑚、翼形角星珊瑚、巨枝鹿角珊瑚、指表孔珊瑚、瘦葉表孔珊瑚。

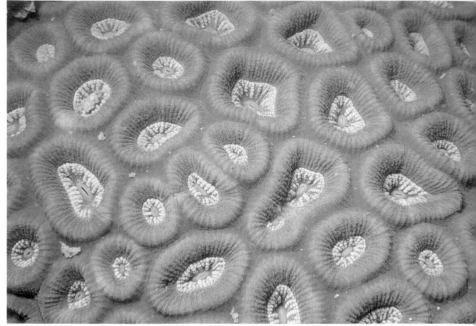

圈紋菊珊瑚

潮池中的纖細海葵（刺指海葵科）

棘黍螺

袋狀江珧蛤

尖角江珧蛤

交通資訊

位於海岸景觀道路沿線，交通便利，請參閱地圖。

觀賞季節

全年。

注意事項

村內用餐、淡水清洗均方便。岩礁地形，注意被割傷。此區不適合小學以下幼童，以中學以上為佳。

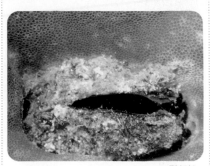

鬍魁蛤

瘦葉表孔珊瑚

Q&A

會捕魚的陽燧足──巨綠蛇尾

　　巨綠蛇尾是一種大型陽燧足，每隻手臂可長達25公分，加上直徑6公分的身體，伸展開來可有半公尺那麼大，是一種相當大型的海洋無脊椎動物。

　　陽燧足的每一隻腕足細細長長的，好像蛇的尾巴一般，所以又稱為蛇尾類。陽燧

巨綠蛇尾多躲藏於水深1～2公尺大石塊下，是大型蛇尾類，體盤直徑可達5公分

雙隱咽星珊瑚

足和海星、海膽、海參及海羊齒有親緣關係，牠們都是屬於棘皮動物門。

巨綠蛇尾的體型雖然可以長得很大，外表也很可怕，可是牠們卻是性情溫和、機警膽怯的動物。牠們有成群住在一起的習性，不論白天或晚上都成群地躲在岩石下或岩縫中，只伸出2-3隻長長的手臂抓取海底的動物或植物的屍體為食，一遇到危險就立刻縮回岩洞中。

海洋生物學家發現巨綠蛇尾會捕捉海底的小魚來吃，牠行動不快，又如何抓到魚呢？

當黑夜來臨，巨綠蛇尾會將部份身體移到洞口附近，將身體稍向上拱起，使下方漏出一個小洞，就好像海底的一個小岩縫一般。

不知情的小魚會被欺騙，誤闖進來休息及躲藏。這時，巨綠蛇尾會神不知、鬼不覺地將身體慢慢放下，利用五隻手臂緊緊包圍、並抓住小魚，把牠吃掉。

巨綠蛇尾和海星一樣，都有很強的再生能力。牠們伸在洞外的腕足很容易被大魚咬斷吃掉，特別是河魨。不過沒關係，2-3週後，被咬掉的腕足又可重新再長出來。

雙星珊瑚

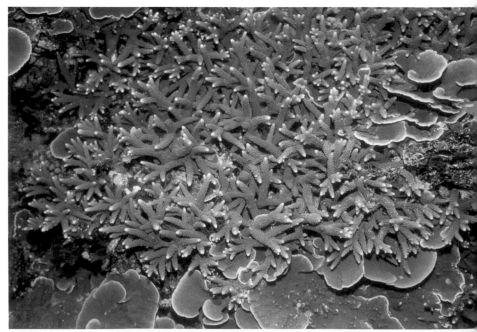

矛枝軸孔珊瑚

翼形角星珊瑚

指表孔珊瑚

巨枝鹿角珊瑚

直紋合葉珊瑚

瘤柱珊瑚

白　沙

　　位於海岸景觀道路沿線，僅有少數人家，屋前小徑直達白沙灣。此地是一個大沙灘，左右兩側是礁岩，相當適合進行戶外教學與生態旅遊。這裡的生物相是典型的珊瑚礁生物，和萬里桐、紅柴坑非常接近；由於潮間帶比較短小，生物種類較少，但因有白沙灣，可以觀察到一些沙地蟹類。

　　此地人跡罕至，環境清幽，特別是黃昏時，赤著腳，踏著浪花，看彩霞滿天。可以讓孩子在沙灘上奔跑，堆沙堡，盡情的玩水。黃昏景致，不比國外的帛琉、普吉島差。

左側沙灘及礁岩區

白沙灣的沙灘及右側礁岩海岸

鉛筆筍螺

花斑鐘螺是大潮池中常見的鐘螺

盤苔擬珊瑚海葵

表泡擬珊瑚海葵

叉側花海葵是墾丁海岸潮間帶常見的海葵。牠體內具有共生藻，可以行光合作用

可見物種

軟體動物：海膽石鱉、花笠螺、花冠芋螺、斑芋螺、鼠芋螺、粗紋峨螺、紫口珊瑚螺、阿拉伯寶螺、雪山寶螺、腰斑寶螺、紫口寶螺、金環寶螺、貨幣寶螺、疙瘩寶螺、鐵斑岩螺、玫瑰岩螺、鏈結螺、白結螺、稜結螺、粗紋玉黍螺、結螺、多稜旋螺、黑肋蜑螺、白肋蜑螺、玉女蜑螺、漁舟蜑螺、粗紋蜑螺、紫口珊瑚螺、花瓶鳳凰螺、斑馬峨螺、腰帶筆螺、火燄筆螺、貓眼蠑螺、花斑鐘螺、鉛筆筍螺、方形障泥蛤、花紋障泥蛤、長碑碟蛤、網目簾蛤、紫晃蛤、鬍魁蛤、算盤蛤、黑齒牡蠣、銼弧櫻蛤、尖角江珧蛤、截尾海兔、黑指紋海兔。

棘皮動物：強壯翼手參、非洲異瓜參、黑海參、蕩皮參、黑赤星海參、棘輻肛參、白底輻肛參、梅氏長海膽、蜈蚣櫛蛇尾、環棘鞭蛇尾、長大刺蛇尾。

其它：叉側花海葵、盤苔擬珊瑚海葵、表泡擬珊瑚海葵、華倫圓菊珊瑚、片棘孔珊瑚、兩叉千孔珊瑚、鐘形微孔珊瑚、鞭角珊瑚、直立穗珊瑚、盾形笠珊瑚、海蟑螂、短腕小岩蝦、細紋方蟹、花紋細螯蟹、淺礁梭子蟹、銅鑄熟若蟹、環紋金沙蟹、肉球皺蟹、鈍額曲毛蟹、粗糙酋婦蟹、光手酋婦蟹。

片棘孔珊瑚

一種鞭角珊瑚

強壯翼手參

長大刺蛇尾生活於潮間帶岩縫中，只露出2-3長腕，以礁岩底部
有機物及動物屍體為食

交通資訊

臨海岸景觀道路沿線，交通方便。車可停在公路旁，步行前往沙灘及兩端礁岩地區。

觀賞季節

春、夏兩季較適宜。

注意事項

海岸少遮陽處，請自備遮陽帽或陽傘。附近無淡水，需自備沖洗淡水及飲用水。此區不適合中小學生戶外教學，以教師及高中以上學生較合適。礁岩區多銳利岩塊，注意行走安全。

黑指紋海兔

截尾海兔

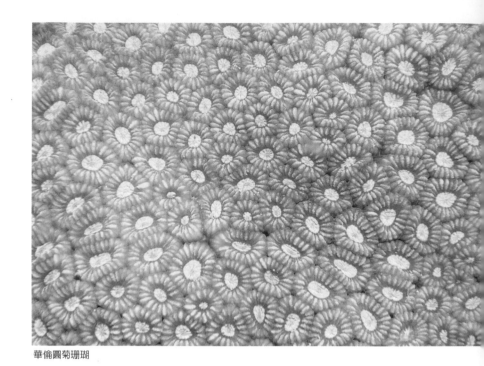

華倫圓菊珊瑚

Q&A

口蓋像貓的眼珠子──貓眼蠑螺

貓眼蠑螺

貓眼蠑螺是一種漂亮的貝殼，可以長到像拳頭一般大小，因為牠的口蓋又大又厚，而且花紋很像貓的眼珠子，所以稱為貓眼蠑螺。

這個大口蓋是用來阻擋敵人，以求保命的構造。當敵人來攻擊時，牠可以把肉縮回殼中，並且用口蓋把門口堵住，讓敵人莫可奈何、知難而退。

在演化的過程中，口蓋的花紋還演變成一隻動物眼球的樣子，瞪著敵人，好像陸地上的蛇目蝶，翅膀上有一個長得像蛇眼的

直立穗珊瑚

花紋一般，用來嚇阻敵人。

　　這種威嚇的構造對海中其它生物可能有效，但是對人類而言，卻一點效果也沒。因為這個口蓋太像動物的眼球，反而惹來殺身之禍，被人類大量捕殺。

　　製作動物標本最困難的部位是眼睛，動物被作成標本後，眼精通常都會塌陷，眼神也不像活著時那麼生動。所以，一個動物的標本作得再好，如果眼光沒有精神，那標本就註定失敗了。

　　貓眼蠑螺的口蓋像極了動物的眼睛，而且是炯炯有神的眼睛。牠的口蓋最常被用來作海龜標本的眼睛，一隻海龜標本裝了二個貓眼蠑螺的口蓋，整個標本變得非常生動。

　　除了人類外，貓眼蠑螺還有許多天敵，特別是在小的時候。海星及陽燧足會將整顆小貓眼蠑螺吞到肚子裏，分泌消化液滲入口蓋和貝殼間隙，將小螺的肉消化，再將空殼吐出，我們就在野外看過陽燧足的肚子裏吞了一隻彈珠般大的貓眼蠑螺。

兩叉千孔珊瑚

盾形笠珊瑚

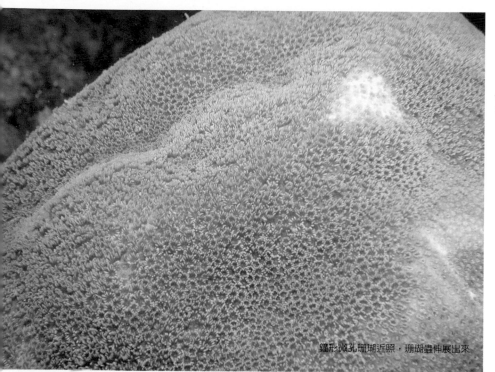

鐘形微孔珊瑚近照，珊瑚蟲伸展出來

鐘形微孔珊瑚

核三廠出水口 （雷公石）

　　核三廠出水口盡頭的地名為雷公石，由出水口人工堤岸和另一面凸出的岬角圍成一個海灣，灣內是戶外教學及浮潛的好地方。這裡的潮間帶特色是多潮池及潮溝。此區有一珊瑚礁平台，多大型潮池且水質清澈，可以觀察到許多岩礁生物。一般遊客罕至，但偶有浮潛或潛水業者來此從事浮潛或潛水活動。

出水口南側的潮間帶也是觀察生物的好地方

紫地蟹

由出水口堤岸上眺望出水口右側的小海灣，退潮時的潮間帶是戶外教學的好地方

軟體動物：海膽石鱉、花笠螺、九孔螺、小楊桃螺、棘冠螺、塔蟹守螺、棘刺蟹守螺、黑頂織紋螺、正織紋螺、尖頭織紋螺、花冠芋螺、小斑芋螺、斑芋螺、樂譜芋螺、鼠芋螺、鬱金香芋螺、織錦芋螺、寶島榧螺、白玉螺、黑唇玉螺、粗紋峨螺、黑千手螺、紫口珊瑚螺、阿拉伯寶螺、雪山寶螺、腰斑寶螺、紫口寶螺、愛龍寶螺、金環寶螺、雨絲寶螺、山貓寶螺、龜甲寶螺、貨幣寶螺、疙瘩寶螺、黑星寶螺、白星寶螺、鐵斑岩螺、紫口岩螺、冠岩螺、金絲岩螺、鵣螺、粗齒鵣螺、黃齒岩螺、白齒岩螺、金口岩螺、玫瑰岩螺、角岩螺、鏈結螺、白結螺、腰帶筆螺、稜結螺、棘結螺、草莓結螺、顆粒玉黍螺、台灣玉黍螺、海兔螺、結螺、紅斑塔旋螺、多稜旋螺、花斑鐘螺、銀口蠑螺、金口蠑螺、貓眼蠑螺、黑肋蜑螺、白肋蜑螺、玉女蜑螺、鴨嘴螺、漁舟蜑螺、鵣法螺、粗皮珊瑚螺、紫口珊瑚螺、頂蓋螺、花牙筍螺、紅嬌鳳凰螺、花瓶鳳凰螺、淡斑蟹守螺、矮毛法螺、斑馬峨螺、水字螺、蜘蛛螺、火焰筆螺、壺螺。方形障泥蛤、花紋障泥蛤、長磲碟蛤、厚殼縱

脊鋸腕海星

海膽石鱉是夜行性，晚上在礁岩活動，刮食藻類

簾蛤、網目簾蛤、紫晃蛤、鬚魁蛤、算盤蛤、綠孔雀蛤、波紋櫻蛤、環肋櫻蛤、黑齒牡蠣、銼弧櫻蛤、鞋魁蛤、尖角江珧蛤。

棘皮動物：非洲異瓜參、黑海參、蕩皮參、黑赤星海參、棘輻肛參、白底輻肛參、棘手乳參、虎紋參、棕環參、斑錨參、灰蛇錨參、藍指海星、脊鋸腕海星、白棘三列海膽、口鰓海膽、梅氏長海膽、巨綠蛇尾、蜈蚣櫛蛇尾、齒櫛蛇尾、環棘鞭蛇尾、長大刺蛇尾。

其它：大型總狀蕨藻、大葉仙人掌藻、臺灣綠毛藻、盤狀仙人掌藻、范氏蠕藻、香蕉藻、叉側花海葵、瑰口擬珊瑚海葵、蟾形美麗海葵、瘤皮群海葵、網紋平角渦虫、石磺、太平洋群海葵、銅鑄熟若蟹、環紋金沙蟹、肝葉饅頭蟹、鈍額曲毛蟹、粗糙酋婦蟹、光手酋婦蟹、紫地蟹、蝙蝠毛刺蟹、板葉雀屏珊瑚、圓管星珊瑚、變形表孔珊瑚、胃鱗蟲、五線紐蟲、曙光紐蟲、柔二段海鞘。

太平洋群海葵

瘤皮群海葵多生活於低潮線附近及潮池中，此海域相當常見，大退潮時常露出水面

附著在寄居蟹背殼上的蟬形美麗海葵

花紋細螯蟹抓了兩隻原年投海葵

交通資訊

　　沿屏鵝公路經恆春，在快到台電核能三廠前有路標往大光及後壁湖漁港，到達後壁湖漁港即可見露天的核三廠大排水渠，沿渠道走到盡頭即是這個海灣。

觀賞季節

　　全年皆宜。高潮區有大片沙灘，適合露營及觀星。

注意事項

　　礁岩銳利，小心割傷。海底落差大，水性不好的人不要在灣內浮潛，在潮池中即可觀察到許多生物。缺點則是附近沒有淡水，清洗較為麻煩，需自備淡水，交通需自備小客車。無大型遮陽處，請自備遮陽工具。

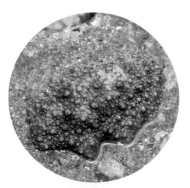

石磺是潮間帶礁岩上偶爾可以發現的軟體動物，大多是夜行性

印度貝鱗蟲生活在岩石下，體長約3-4公分

柔二段海鞘

海中的雞毛撢子──巨原管蟲

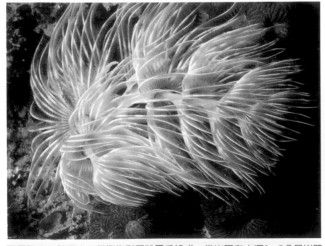

巨原管蟲的鰓冠由二個螺旋形羽狀觸手組成，常出現在水深3～5公尺岩壁上，伸展的鰓冠是濾食器

「咦！海底岩石上怎麼插了一支美麗的雞毛撢子？還會隨海水慢慢漂動。」

「魚兒游到牠旁邊時，牠會以迅雷不及掩耳的速度縮了進去，留下一個管子。」，原來牠是一種住在管子內的動物！這種動物叫做巨原管蟲。

巨原管蟲（*Protula magnifica*）在動物系統分類學上屬於環節動物門，多毛綱，和釣魚用的沙蠶（俗稱海蟲）血緣很相近，不同的是：沙蠶可以在海底的沙中自由爬行，而巨原管

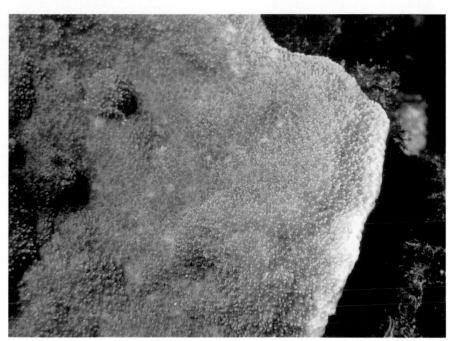

變形表孔珊瑚

　　蟲卻是住在管子中，無法自由移動，這種不能自由移動的動物，我們稱為附著動物或固著動物。

　　巨原管蟲生活在一個自己分泌製造的鈣質蟲管中，蟲管埋在岩石或石縫中，平時身體完全躲在這個堅硬的蟲管中，一遇到危險，巨原管蟲立刻縮入蟲管內，捕食者對牠莫名奈何。

　　巨原管蟲頭部的觸手已經特化成羽狀，而且呈螺旋狀排列，觸手上有數以萬計且排列緊密的纖毛，也會分泌黏液。靠著這些纖毛不停地擺動，產生水流，流過這個羽狀觸手，海水中的小食物顆粒及小生物會被過濾下來，被黏液黏住，然後順著螺旋狀的觸手往下運走，巨原管蟲的嘴巴就長在觸手的底部。牠的觸手在海水中隨著海流緩緩漂動，像極了插在岩壁的一支「雞毛撢子」一般，不停地把海水掃乾淨。

　　巨原管蟲沒有特化的眼睛，但是觸手上有眼點及感覺纖毛，對於物理性及化學性刺激非常敏銳，如果有攻擊的魚類或其他生物游過來，感覺纖毛可以察覺氣味、水壓及光線的變化，會立刻縮入管中，敵人離開後，才慢慢將觸手伸出來，繼續撈取水中浮游性食物。

瘤皮群海葵

瑰口擬珊瑚海葵

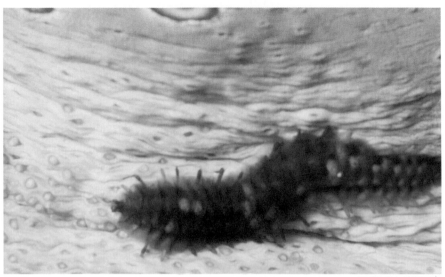

蛇目參身上的胃鱗蟲

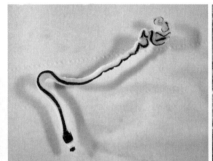

曙光紐蟲

網紋平角渦蟲

五線紐蟲

南　灣

　　南灣沙灘是墾丁國家公園內較大的沙灘，左側礁岩海岸也是
南部珊瑚礁區適合教學的地點之一。右側爲沙灘，生物相較貧
乏，晚上沙灘上有沙蟹活動。左側爲礁岩海岸，生物相豐富。
沙灘左側的礁岩海岸在退潮時，會形成寬廣的潮間帶及許多大
型潮池，生物種類多，是戶外教學的好地方。沿著礁岩的低潮
線觀察，常有意外的發現，特別是貝類。戴上蛙鏡，潮池中也
有許多海葵、陽燧足、海膽。退潮時沿著低潮線觀察，可以發
現許多生物。

　　此景點的特色是左側的潮間帶寬廣，生物種類多。但因爲是
熱門景點，假日人潮較多，建議利用非假日前來。右側是廣大
沙灘，清晨及黃昏是散步的好地方。

南灣前的沙灘，左側是岩礁海岸，適合進行潮間帶與浮潛觀察

可見物種

軟體動物：海膽石鱉、小楊桃螺、棘冠螺、棗螺、塔蟹守螺、棘刺蟹守螺、黑頂織紋螺、花冠芋螺、小斑芋螺、斑芋螺、樂譜芋螺、鼠芋螺、織錦芋螺、寶島椎螺、白玉螺、黑唇玉螺、粗紋峨螺、黑千手螺、阿拉伯寶螺、雪山寶螺、腰斑寶螺、紫口寶螺、愛龍寶螺、金環寶螺、貨幣寶螺、疙瘩寶螺、黑星寶螺、白星寶螺、鐵斑岩螺、紫口岩螺、冠岩螺、鶉螺、黃齒岩螺、白齒岩螺、金口岩螺、玫瑰岩螺、角岩螺、鏈結螺、白結螺、腰帶筆螺、稜結螺、棘結螺、草莓結螺、顆粒玉黍螺、結螺、多稜旋螺、花斑鐘螺、銀口蠑螺、金口蠑螺、貓眼蠑螺、美珠螺、黑肋蜑螺、白肋蜑螺、玉女蜑螺、鴨嘴螺、漁舟蜑螺、粗紋蜑螺、蟾蜍蛙螺、果粒蛙螺、突瘤蛙螺、金口蛙螺、粗紋峨螺、鶉法螺、短拳螺、長拳螺、粗皮珊瑚螺、紫口珊瑚螺、頂蓋螺、花牙筍螺、廣口螺、百肋鳳凰螺、紅嬌鳳凰螺、花瓶鳳凰螺、黑嘴鳳凰螺、淡斑蟹守螺、斑馬峨螺、水字螺、蜘蛛螺、腰帶筆螺、縱斑筆螺、粗斑筆螺、帝王筆螺、火燄筆螺、小芋筆螺、大燄筆螺、壺螺。方形障泥蛤、花紋障泥蛤、長硨磲蛤、厚殼縱簾蛤、網目簾蛤、紫晃蛤、鬍魁蛤、算盤蛤、黑蝶珍珠蛤、綠孔雀蛤、波紋櫻蛤、環肋櫻蛤、黑齒牡蠣、銼弧櫻蛤、鞋魁蛤、尖角江珧蛤。

棘皮動物：非洲異瓜參、黑海參、蕩皮參、黑赤星海參、棘輻肛參、白底輻肛參、棘手乳參、虎紋參、棕環參、斑錨參、灰蛇錨參、褶錨參、蛇目白尼參、臺灣步錨參、藍指海星、麵包海星、齒棘皮海燕、直齒海燕、白棘三列海膽、口鰓海膽、梅氏長海膽、巨綠蛇尾、蜈蚣櫛蛇尾、齒櫛蛇尾、環棘鞭蛇尾、長大刺蛇尾、迭鱗片蛇尾。

其它：叉側花海葵、石礞、太平洋群體海葵、海蟑螂、短腕小岩蝦、線斑真寄居蟹、斑點真寄居蟹、花紋細螯蟹、銅鑄熟若蟹、環紋金沙蟹、肉球皺蟹、肝葉饅頭蟹、鈍額曲毛蟹、粗糙酉婦蟹、光手酉婦蟹、板葉雀屏珊瑚、圓管星珊瑚。

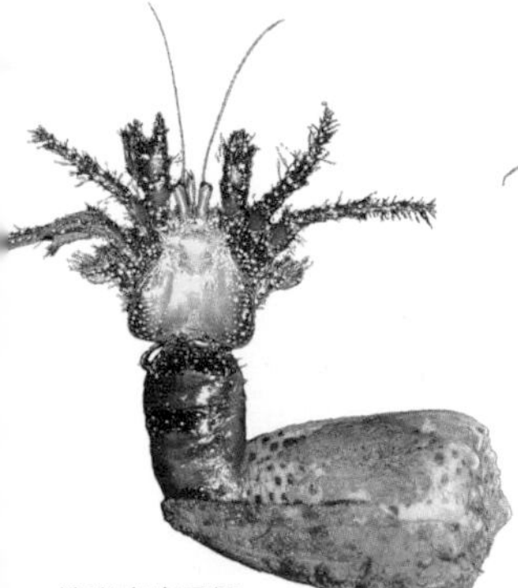
線斑真寄居蟹

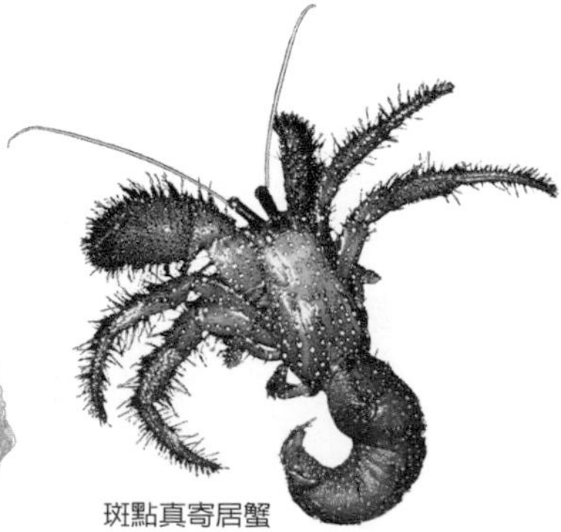
斑點真寄居蟹

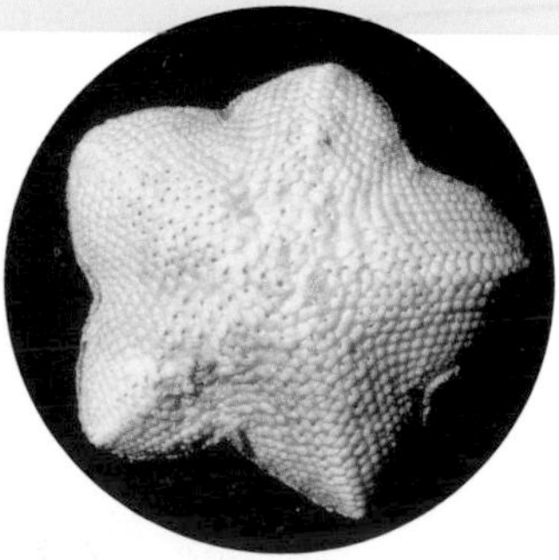
直齒海燕

南灣礁岩海岸左側（約500公尺遠）有大型潮池，漲潮水深達2公尺，退潮水深僅0.5公尺，是口袋形，非常安全，池內生物相豐富，適合作浮潛觀察

漲潮時的南灣礁岩海岸

退潮時的南灣礁岩海岸

台灣步錨參

灰蛇錨參身體呈長蛇狀，綠色到淡綠色，體型比斑錨參小，黏滯性也比斑錨參低

交通資訊

緊臨屏鵝公路，車子經過恆春，到核能三廠大門後，向前約500公尺的大下坡即可看見南灣沙灘，左側寬廣的潮間帶即是。交通方便，臨礁岩區的公路旁均可停車，亦有收費停車場。在沙灘區泳客多，車子要停在停車場或公路兩側。此區多餐廳及民宿。

觀賞季節

全年皆宜。高潮區的沙灘可以露營，附近多民宿。

注意事項

此區為一沙灘，多遊客，公路車多，又是下坡及彎道，到達核三廠後後請減速慢行，注意車輛及行人，許多車輛經常違規隨意停放，注意人車安全。水上活動請特別注意水上摩托車。貴重財物勿置於車上。

三輪雙旋虫，羽冠三輪，淡紫色或白色，生活在礁岩區沙地上，蟲管革質

Q&A

停水囉！請貯水備用──紫輪參

紫輪參生活於高潮區石塊下，翻開石頭將可發現牠們成群聚在一起

對生活在海邊的生物來說，每天二次的退潮是個大考驗，潮水消退了，生物紛紛躲在沙地中、潮池中，或石塊之下，以減少身體水份的流失。

紫輪參生活在高潮線石塊之下，每天要忍受5～6個小時的缺水，當潮水退去時，最早缺水的是高潮區。當潮水漲回來時，最晚浸到水的也是高潮區，長期生活在這種缺水環境下的紫輪參是如何克服困難，並維持大量的族群？

紫輪參在退潮時，會將身體吸

146

白色的三輪雙旋虫。虫體對陰影及水流反應非常敏銳，稍一靠近，蟲體立刻縮入管中

飽水份，脹得像條小黃瓜，以提供退潮這段時間所需的水份，水中溶有許多氧氣，可以提供海參所需，維持生命。

身體內保留許多水份，空氣中的氧氣也可以透過溼溼的表皮溶解到皮膚中。紫輪參靜靜躲在石塊之下，一動也不不動，將細胞的新陳代謝降到最低，減少氧氣的消耗。牠就是能在停水期間提早貯水備用，並且節約用水。在高潮區，許多生物都因缺水而紛紛搬家或無法生存，但牠卻活了下來，所憑藉的就是這種貯水備用及節約用水的好習慣。

小芋筆螺

脆懷玉參將腸子吐出，這是種自割行為

串珠雙輻海葵觸手有念珠狀突起，由潮池到亞潮帶均可發現

齒棘皮海燕

褶錨參多生活於馬尾藻叢中或大石塊下，夜行性，以礁岩上的有機物為食

米氏海參長躲在高潮區的礫石之下

中華海參和米氏海參有相同棲息地，顏色也是黑褐色，但是中華海參的體壁較硬，米氏海參則非常柔軟

船帆石

　　此景點位於小灣及香蕉灣之間，臨屏鵝公路。右側是一片大沙灘，左側是礁岩海岸，多小潮池及潮溝，生物多躲藏於石塊下，要搬動石塊才容易發現。礁岸有豐富的海岸生物及礁岩植物，由於此區多礁石，行走不易，適合中學以上師生進行戶外教學。

船帆石右側的沙灘已成為水上活動的據點，這個海域不適合游泳、浮潛及潛水活動

船帆石的礁岩地形

銅鑄熟若蟹

花紋愛潔蟹

肝葉饅頭蟹

公雞饅頭蟹

可見物種

軟體動物：海膽石鱉、花笠螺、棘冠螺、花冠芋螺、小斑芋螺、斑芋螺、樂譜芋螺、鼠芋螺、寶島梔螺、白玉螺、黑唇玉螺、粗紋峨螺、黑千手螺、阿拉伯寶螺、雪山寶螺、腰斑寶螺、金環寶螺、山貓寶螺、貨幣寶螺、疙瘩寶螺、鐵斑岩螺、紫口岩螺、冠岩螺、金絲岩螺、鶉螺、黃齒岩螺、白齒岩螺、金口岩螺、玫瑰岩螺、角岩螺、鏈結螺、白結螺、腰帶筆螺、稜結螺、棘結螺、草莓結螺、顆粒玉黍螺、台灣玉黍螺、粗紋玉黍螺、波紋玉黍螺、紫口海兔螺、海兔螺、結螺、紅斑塔旋螺、多稜旋螺、花斑鐘螺、黑肋蜑螺、白肋蜑螺、玉女蜑螺、漁舟蜑螺、粗紋蜑螺、粗紋峨螺、紫口珊瑚螺、頂蓋螺、花瓶鳳凰螺、淡斑蟹守螺、斑馬峨螺、花紋障泥蛤、長硨磲蛤、紫晃蛤、鬍魁蛤、算盤蛤、波紋櫻蛤、環肋櫻蛤、黑齒牡蠣、銼弧櫻蛤、尖角江珧蛤、雙色皮緣海牛、血紅六鰓、藍紋繡邊海牛、龜甲側鰓、威氏瘤背海牛、斧殼海兔。

棘皮動物：非洲異瓜參、蕩皮參、黑赤星海參、棘輻肛參、白底輻肛參、棘手乳參、豹斑海參、藍指海星、麵包海星、白棘三列海膽、口鰓海膽、梅氏長海膽、巨綠蛇尾、蜈蚣櫛蛇尾、齒櫛蛇尾、環棘鞭蛇尾。

其它：隱白寄居蟹、海蟑螂、銅鑄熟若蟹、環紋金沙蟹、肉球皺蟹、肝葉饅頭蟹、鈍額曲毛蟹、大旋鰓蟲、蕨形角海葵。

蕨形角海葵

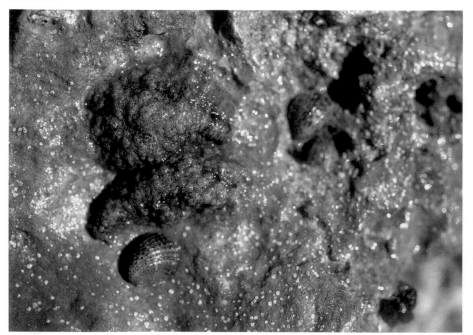

斧斑海兔

隱白寄居蟹

交通資訊

　　緊臨屏鵝公路，交通方便，車可停於公路兩側。

觀賞季節

　　四季皆宜，春、夏為佳。

注意事項

　　附近多水上摩托車，此地不宜作浮潛及游泳。岩礁地形，注意行走安全。此區不適合小學生的戶外活動。

雙色皮緣海牛

威氏瘤背海牛

海底的西班牙舞姬──血紅六鰓海蛞蝓

血紅六鰓

西班牙舞姬指的是一種海蛞蝓（一種軟體動物，和貝類是親戚），顏色是鮮紅色或橘紅色，在海中是非常美麗的生物。在正常的情形下，西班牙舞姬是在海底爬行。當牠受到刺激時，會將身體兩側的皮膚張開，游泳逃開。游泳的姿勢像蝴蝶舞動翅膀，也像一位游蝶式的泳者，更像一位美麗的西班牙舞者，舞動一大塊紅色的彩布，所以西方人稱牠為「西班牙舞姬」。

游「蝶泳」是相當消耗體力的，海蛞蝓最多也只能游7～8下，就落在海底一面爬行一面休息。大約要休息半分鐘，才可作下一次的游泳。牠只有在情況危急時才會

一種瘤背海牛

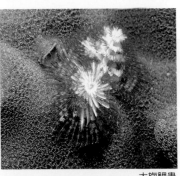

大旋鰓蟲

作這麼劇烈的運動，平時還是在海底緩緩爬行。

　　雖然牠鮮紅的顏色在海裡很受到注目，可是卻很少有生物會捕食牠。鮮紅色就是一種警告色，警告敵人我們是有劇毒的。海蛞蝓是貝類的親戚，但貝殼已經退化消失，身體前端有兩隻伸出的小嗅角，用來探尋水中氣味，找尋食物。身體後端一叢毛狀突起是皮膚鰓（又稱為裸鰓），是呼吸器官，由這裡進行氧氣及二氧化碳的交換。

龜甲側鰓

白底輻肛參

非洲異瓜參

糙刺參

豹斑海參

棘輻肛參

香蕉灣

　　香蕉灣位於船帆石及砂島之間，是熱帶海岸林中的一個小漁港；漁港由天然礁石圍成，附近海岸是戶外教學的好地方。下午三、四點左右有漁船返港，可以採購一些新鮮漁獲。一般遊客很少在此停留，這裡也是旅遊的好景點，可以盡情享受熱帶海岸林風光及珊瑚礁岩美景。

寬胸細螯寄居蟹

藍色細螯寄居蟹

香蕉灣前的天然小港

158

可見物種

軟體動物：海膽石鱉、花笠螺、棘冠螺、塔蟹守螺、棘刺蟹守螺、花冠芋螺、小斑芋螺、斑芋螺、樂譜芋螺、鼠芋螺、寶島榧螺、白玉螺、粗紋峨螺、黑千手螺、阿拉伯寶螺、雪山寶螺、腰斑寶螺、紫口寶螺、愛龍寶螺、金環寶螺、雨絲寶螺、山貓寶螺、貨幣寶螺、疙瘩寶螺、黑星寶螺、白星寶螺、鐵斑岩螺、紫口岩螺、冠岩螺、金絲岩螺、鶉螺、黃齒岩螺、白齒岩螺、金口岩螺、玫瑰岩螺、角岩螺、鏈結螺、白結螺、腰帶筆螺、稜結螺、結螺、多稜旋螺、赤旋螺、銀口蠑螺、金口蠑螺、貓眼蠑螺、黑肋蜑螺、白肋蜑螺、玉女蜑螺、漁舟蜑螺、粗紋蜑螺、粗紋峨螺、鶉法螺、短拳螺、粗皮珊瑚螺、紫口珊瑚螺、頂蓋螺、紅嬌鳳凰螺、花瓶鳳凰螺、斑馬峨螺、水字螺、蜘蛛螺。火燄筆螺、花紋障泥蛤、長碑磔蛤、厚殼縱簾蛤、網目簾蛤、紫晃蛤、鬍魁蛤、算盤蛤、波紋櫻蛤、環肋櫻蛤、黑齒牡蠣、銼弧櫻蛤、鞋魁蛤、尖角江珧蛤、石磺、粗糙扁海牛、眼斑多葉鰓。

棘皮動物：黑海參、蕩皮參、黑赤星海參、白底輻肛參、格皮氏海參、棘手乳參、蚓參、虎紋參、棕環參、黑乳參、斑錨參、灰蛇錨參、真錨參、藍指海星、麵包海星、白棘三列海膽、口鰓海膽、梅氏長海膽、巨綠蛇尾、蜈蚣櫛蛇尾、齒櫛蛇尾、環棘鞭蛇尾、長大刺蛇尾。

其它：葉形笠珊瑚、叉側花海葵、太平洋群體海葵、海蟑螂、短腕小岩蝦、藍色細螯寄居蟹、寬胸細螯寄居蟹、毛足圓軸蟹、細紋方蟹、淺礁梭子蟹、銅鑄熟若蟹、環紋金沙蟹、鈍額曲毛蟹、粗糙酋婦蟹、光手酋婦蟹、板葉雀屏珊瑚、橫柔星珊瑚、疣鹿角珊瑚、尖枝列孔珊瑚、銹色偽角扁蟲。

粗糙扁海牛

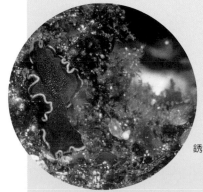

銹色偽角扁蟲

毛足圓軸蟹

香蕉灣附近的海岸地形

此區多潮池及潮溝，是很好的自然教室，附近常有小舢板進出，請勿進行水中浮潛活動，以免危險

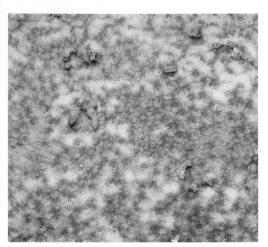

橫柔星珊瑚

疣鹿角珊瑚

交通資訊

　　緊臨屏鵝公路，交通方便。車子可停於公路兩旁。

觀賞季節

　　全年皆宜，春、夏為佳。

注意事項

　　多岩礁地形，注意行走安全。此區以中學以上師生戶外教學較適宜。

尖枝列孔珊瑚

眼斑多葉鰓

葉形笠珊瑚

岩壁上的偽裝高手──金口岩螺

海底的岩壁上有兩隻金口岩螺，一隻被我們翻過來了，另外一隻了呢？找一找吧！

大自然是非常殘酷的，生物之間常常要互相捕食，弱肉強食。因此，如果動物體型不是很強壯，想要生存下來，就要有另一種本事。譬如，很多動物能快速運動，遇到敵人就很快地逃走。如果不能快速逃走，就要有其它的本事，偽裝就是其中一種常見的方法。

因為金口岩螺的殼口是金黃色的，所以有這樣一個名稱。圖片上有二隻金口岩螺，一隻被我們翻了過來，另一隻您有沒有發現呢？

一種軸孔珊瑚

仔細找一找吧！原來牠在左邊，略略凸起，貝殼上覆滿藻類，像一塊岩石，所以很難發現！

金口岩螺是一種螺類，運動速度很慢，但牠們在海洋中活下來了。在演化的過程中，牠具備了二個好本事：（一）牠的殼變得又扁又硬又厚，肉藏在這個堅實的硬殼中，敵人很難將牠的殼咬破；（二）牠的殼上面長滿了藻類，把自己完全蓋住，再加上牠趴在岩石上，和藻類混在一起，敵人更難發現。海邊許多漂亮的貝殼被撿光了，可是金口岩螺卻能活下來，所憑藉的，就是這種偽裝的好本領。

地球經過了數十億年的演變，每一種能存活下來的生物，都要經過嚴苛的環境考驗，都要有相當的本事，才能夠生存下來，繁衍後代。每一種生物之能夠活到今天，一定有牠特殊的本領。仔細觀察，再努力想一想，您或許可以想到牠們活下來的原因。

棕環參

棘手乳參

格皮氏海參

黑乳參

蚓參

真錨參

砂　島

　　砂島的海灘是一管制區，產貝殼沙，以柵欄圍住，無法進入，但其右側海岸為典型珊瑚礁地形，退潮時多潮池及潮溝，適合作戶外教學。岩礁上也有多種礁岩植物，公路旁是熱帶海岸林。

浮標寶螺

砂島右側的貝殼沙灘及礁岩海岸

可見物種

軟體動物：海膽石鱉、棘冠螺、花冠芋螺、小斑芋螺、斑芋螺、樂譜芋螺、鼠芋螺、織錦芋螺、白玉螺、粗紋峨螺、阿拉伯寶螺、雪山寶螺、腰斑寶螺、紫口寶螺、愛龍寶螺、金環寶螺、貨幣寶螺、黑星寶螺、白星寶螺、紅花寶螺、浮標寶螺、鐵斑岩螺、紫口岩螺、鶉螺、黃齒岩螺、白齒岩螺、金口岩螺、玫瑰岩螺、角岩螺、鏈結螺、白結螺、稜結螺、棘結螺、台灣玉黍螺、粗紋玉黍螺、波紋玉黍螺、紅斑塔旋螺、多稜旋螺、花斑鐘螺、銀口蠑螺、金口蠑螺、貓眼蠑螺、黑肋蜑螺、白肋蜑螺、玉女蜑螺、漁舟蜑螺、粗紋蜑螺、粗紋峨螺、短拳螺、長拳螺、粗皮珊瑚螺、紫口珊瑚螺、唇珊瑚螺、頂蓋螺、花瓶鳳凰螺、斑馬峨螺、火燄筆螺、大燄筆螺、大管蛇螺、花牙筍螺、紅筍螺、長硨磲蛤、厚殼縱簾蛤、網目簾蛤、紫晃蛤、鬍魁蛤、算盤蛤、黑齒牡蠣、銼弧櫻蛤、尖角江珧蛤。

棘皮動物：黑海參、蕩皮參、黑赤星海參、白底輻肛參、棘手乳參、硬指參、藍指海星、白棘三列海膽、口鰓海膽、梅氏長海膽、短腕櫛蛇尾、巨綠蛇尾、蜈蚣櫛蛇尾、齒櫛蛇尾、環棘鞭蛇尾、長大刺蛇尾、迭鱗片蛇尾、伯頓海燕、曙光蛇星。

其它：石磺、太平洋群體海葵、縱條鞭藻蝦、光螯硬殼寄居蟹、海蟑螂、細紋方蟹、淺礁梭子蟹、銅鑄熟若蟹、環紋金沙蟹、肉球皺蟹、鈍額曲毛蟹、粗糙酋婦蟹、光手酋婦蟹、瘤突斜紋蟹、圓管星珊瑚、笙珊瑚。

砂島前方的礁岩海岸，多潮池及潮溝，適合潮間帶戶外教學

縱條鞭藻蝦

四角招蟹

曙光蛇星

光螯硬殼寄居蟹

瘤突斜紋蟹

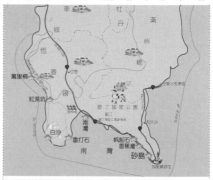

交通資訊

緊臨屏鵝公路，交通方便。車子可停於公路兩旁。

觀賞季節

全年，但以春、夏為佳。

注意事項

礁岩地形，注意行走安全。此區不適合作浮潛觀察，也不適合小學生，以中學以上學生較適合。附近住家及商店較少，請自備沖洗之淡水。

硬指參

笙珊瑚

Q&A

笙珊瑚──不能吹奏

笙珊瑚是珊瑚礁淺海常見的一種珊瑚，牠們的骨骼是紅色的，排列像笙這種樂器，所以稱為笙珊瑚。

笙珊瑚屬於八放珊瑚亞綱，匍匐珊瑚目，是一種群體珊瑚，珊瑚蟲所分泌的骨針癒合呈管狀，蟲體住在管子的前端。遇到刺激時，珊瑚蟲可以縮回管莖內。

笙珊瑚的許多個體平行地排列，形成規則的骨管，骨管之間有骨板聯接，隨著群體的成長，骨板上可再長出骨管，層層排列，形成笙狀，顏色為鮮紅色，非常美麗。在海邊常可撿到一小塊紅色骨骼，顏色恆久不退，常被帶回去當成紀念品。

笙珊瑚

伯頓海燕

唇珊瑚螺

迭鱗片蛇尾

171

紅花寶螺

紫口珊瑚螺

粗皮珊瑚螺

大焰筆螺　　　　　　　　　　　　　　　火燄筆螺

花牙筍螺

紅筍螺

小琉球之旅

花瓶岩

蛤板

海仔口

山豬溝

小琉球之旅

　　每年七月初暑假開始，中山大學海洋資源學系都會邀請我去帶他們系上的海洋生態調查隊，他們稱為南海岸生態隊，已經有多年的歷史，我幾乎每年都參加，一方面給自己一個休假，一方面也帶著學生做野外實驗，讓他們實際作一些田野工作。

　　我在大學教書已經十年了，發覺自然課程最好的教室其實是大自然，書本的知識如果能夠和大自然的實物結合，效果最好。許多學生書本的理論念多了，不見得有興趣，但如果能夠讓他們摸摸活生生的動物，他們的興趣就來了，潛力被激發，之後的學習會變得主動。許多原先對海洋生物及生態並不太有興趣或打算轉系的同學，在參加這個活動之後，許多人愛上了海洋，打消了轉系的念頭。

　　白天退潮，我們去海邊觀察生物，拉穿越線作調查、做小實驗，或者浮潛。如果潮水還沒退，我們就在椰樹下聊天，討論今天要做的事情，有時天南地北、無所不談，師生感情增進不少。晚上老師們輪流演講，一個星期下來，好像上了一學期密集的海洋生態課。

　　我們每年去的地點是花瓶岩、蛤板、山豬溝、海仔口。這些年來也以累積了一些資料，呈現給大家。

尖頭織紋螺

小琉球空照圖

小琉球的海上箱網養殖

花瓶岩

　　花瓶岩位於港口左側，在靈山寺下方，有一塊凸起的花瓶岩，目標非常明顯，搭交通船入港時就可看到靈山寺及花瓶岩。

　　這裡的特色是交通便利，一出港口立刻可以徒步到這裡來，來此的遊客及泳客特別多，我建議可以做夜間採集。我常利用夜晚的退潮到此區採集，成果豐碩；特別是沿著消波塊的潮間帶，有許多夜行性生物可以觀察、拍攝。

花瓶岩

軟體動物：果粒蛙螺、淡斑蟹守螺、黑干手螺、干手螺、阿拉伯寶螺、酒桶寶螺、雨絲寶螺、山貓寶螺、黑星寶螺、黑痣寶螺、龜甲寶螺、紫霞芋螺、織錦芋螺、旗幟芋螺、矮毛法螺、金口法螺、紫口岩螺、黃齒岩螺、玫瑰岩螺、白結螺、銀杏螺、水字螺、釣錘旋螺、多稜旋螺、紫口旋螺、赤旋螺、結螺、橄欖螺、寶島榧螺、花瓶鳳凰螺、大岩螺、金唇岩螺、金絲岩螺、角岩螺、銀口蟶螺、金口蟶螺、短拳螺、海兔螺、花帶玉螺、波形玉螺、臍孔白玉螺、蟾蜍蛙螺、突瘤蛙螺。

棘皮動物：非洲異瓜參、黑海參、蕩皮參、黑赤星海參、棘輻肛參、白底輻肛參、棘手乳參、黃疣海參、藍指海星、白棘三列海膽、口鰓海膽、梅氏長海膽、蜈蚣櫛蛇尾、齒櫛蛇尾、環棘鞭蛇尾、長大刺蛇尾。

其它：無線紐蟲、紅斑瓢蟹、公雞饅頭蟹、環紋金沙蟹、銅鑄熟若蟹、粗糙酋婦蟹、長趾方蟹、淺礁梭子蟹。

無線紐蟲

花瓶岩右側為小琉球港

黑星寶螺　　　　　　　　　　　龜甲寶螺

黑痣寶螺　　　　　　　　　　　山貓寶螺

酒桶寶螺　　　　　　　　　　　臍孔白玉螺

花帶玉螺　　　　　　　　　　　波形玉螺

紅斑瓢蟹

公雞饅頭蟹

交通資訊

到小琉球可由中芸或東港搭乘交通船，中芸港船班較少，東港船較多。機車可隨交通船一起載運，相當方便。

觀賞季節

屬熱帶氣候，全年皆宜，以春、夏為佳。

注意事項

花瓶岩潮間帶較小，但潮池頗多。水性較好者可以浮潛，但此區游泳及浮潛過於頻繁，水底景觀不佳。

紫口旋螺

粗糙酋婦蟹

突瘤蛙螺

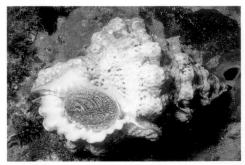

蟾蜍蛙螺

Q&A

潮間帶的生態特色

潮間帶是漲潮時被水淹沒，退潮時露出水面的一塊區域，這裡的環境對生物而言是非常惡劣，每天要面臨二次漲、退潮，這裡的環境上有那些劇烈的變化？（一）溫度的變化大；（二）鹽度變化大，夏天的退潮，水份蒸發，使鹽度突然增加，若下大雨又會把此區海水稀釋，鹽度降低；（三）漲退潮時水壓變化大；（四）溶氧變化大，高溫使得溶氧降低；（五）浪的衝擊大；（六）海水的物理及化學性質變化大，隨著水溫升高，海水的酸鹼值、離子濃度均會產生變化。

對生物而言，潮間帶是個多變及艱困的環境，在這裏生活的生物會有那些生理適應才能在這裏生存？（一）耐水溫、水壓、鹽度、溶氧之變化；（二）耐缺水之能力；（三）具有保護性外殼，例如：笠螺、藤壺、牡蠣、文蛤；（四）潛藏於沙中的本事；（五）築管而居的能力；（六）活動力強，能迅速躲在岩石下或岩縫中，例如螃蟹；（七）具對抗浪的衝擊之能力，身體大多呈流線形或扁平。

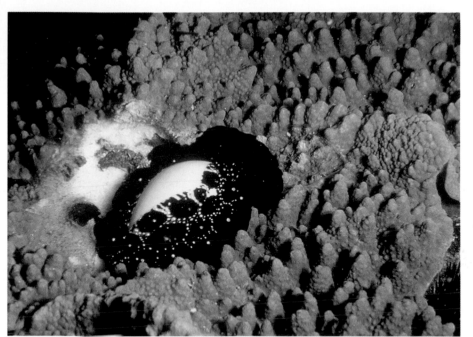

海兔螺

赤旋螺

蛤　板

　　蛤板位於小琉球西岸，此區有一個大的珊瑚礁潮間帶平台，適合作爲礁岩生物觀察自然教室。珊瑚礁平台上多岩塊，可以搬動，觀察石塊下的生物。

蛤板前的潮間帶

蛤板右側的潮間帶

玫瑰岩螺

黑口蛙螺

可見物種

軟體動物：驢耳鮑螺、顆粒透孔螺、花冠芋螺、小斑芋螺、斑芋螺、花環芋螺、旗幟芋螺、黑口蛙螺、褐口蛙螺、果粒蛙螺、黑千手螺、阿拉伯寶螺、金環寶螺、雪山寶螺、紅花寶螺、黃寶螺、白星寶螺、晚霞芋螺、紫霞芋螺、柳絲芋螺、織錦芋螺、矮毛法螺、金口法螺、水字螺、花瓶鳳凰螺、大岩螺、紫口岩螺、黃齒岩螺、玫瑰岩螺、金口岩螺、鏈結螺、白結螺、短拳螺、紅牙筆螺、花帶玉螺、金口蠑螺、火焰峨螺、長硨磲蛤、墾偏頂蛤、棗螺、棘冠螺、白肋蟳螺、斧斑海兔。

棘皮動物：非洲異瓜參、黑海參、蕩皮參、黃疣海參、黑赤星海參、棘輻肛參、白底輻肛參、棘手乳參、赤瘤蛇星、藍指海星、麵包海星、白棘三列海膽、口鰓海膽、喇叭毒棘海膽、梅氏長海膽、卵圓斜海膽、蜈蚣櫛蛇尾、齒櫛蛇尾、環棘鞭蛇尾、長大刺蛇尾。

其它：絨毛仿銀杏蟹、裸掌盾牌蟹、花紋愛潔蟹、顆粒梭子蟹。

褐口蛙螺

毛法螺

織錦芋螺

火焰峨螺

雲雀殼菜蛤

白結螺

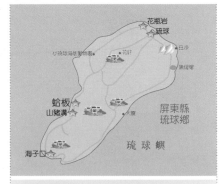

花瓶岩
琉球
白沙

小琉球海底動物園 花瓶

蛤板
山豬溝

屏東縣
琉球鄉

海子口

琉球嶼

小琉球之旅

蛤板

交通資訊

交通船碼頭有許多載客的小卡車，他們是島上的機動「計程車」。司機會根據顧客需求，載運旅客到各景點，雙方約好回程時間，他們會準時前來載運，相當方便，收費也便宜。因此，如果您不是騎機車前來，則可以好好利用島上這種特殊交通工具。我通常和他們約好二個小時後前來載我和一些採集器材，直接載到旅館門口，又準時又方便，第二天又約他們在旅館前碰頭，就像是計程車一般，非常方便。

觀賞季節

全年皆宜，春夏尤佳。

注意事項

搭乘小卡車時請注意安全，路途顛簸，避免坐在門口，以免摔傷。蛤板岸邊少遮蔭處，記得帶遮陽帽，穿著長袖衣服。此區有一條深溝通往大海，為避免意外，前有消波塊阻擋，但漲、退潮時仍然相當危險，除非水性良好，否則勿在此浮潛或游泳。

棗螺 黑千手螺

驢耳鮑螺

黃齒岩螺 金口蠑螺

棘冠螺

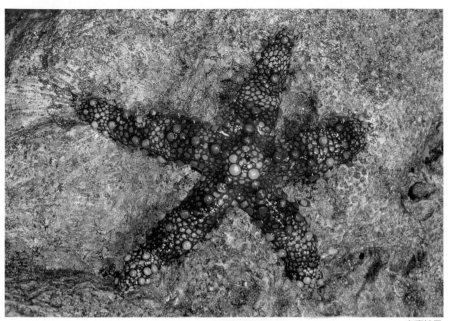

赤瘤蛇星

顆粒透孔螺

金口岩螺

顆粒梭子蟹

海仔口

　　位於島的南端，有一小型舢板港口，港的右側被消波塊圍住，內有一處礁岩平台，靠近消波塊處有新鮮的海水流入，生物相較為豐富。

　　港的左側沒有珊瑚礁平台，緊鄰航道，但岩礁上有許多珊瑚礁生物，適合浮潛。

　　越過右側的消波塊，是一片珊瑚礁平台，水質清澈，多潮池，在大退潮時很適合做潮間帶採集；但是此區不適合做浮潛，因為亞潮帶風浪較大。

海仔口前的潮間帶

海仔口前的潮間帶

可見物種

軟體動物：果粒蛙螺、淡斑蟹守螺、黑千手螺、千手螺、阿拉伯寶螺、雨絲寶螺、山貓寶螺、黑星寶螺、黑痣寶螺、龜甲寶螺、柳絲芋螺、花環芋螺、花冠芋螺、斑芋螺、樂譜芋螺、鼠芋螺、紫霞芋螺、織錦芋螺、旗幟芋螺、矮毛法螺、金口法螺、紫口岩螺、黃齒岩螺、玫瑰岩螺、白結螺、鏈結螺、銀杏螺、水字螺、釣錘旋螺、紅斑塔旋螺、多稜旋螺、紫口旋螺、赤旋螺、結螺、橄欖螺、寶島榧螺、花瓶鳳凰螺、大岩螺、金唇岩螺、金絲岩螺、角岩螺、銀口蠑螺、金口蠑螺、短拳螺、海兔螺、花帶玉螺、波形玉螺、臍孔白玉螺、蟾蜍蛙螺、突瘤蛙螺、細斑峨螺、粗紋峨螺、豔美峨螺。

棘皮動物：非洲異瓜參、黑海參、蕩皮參、黑赤星海參、棘輻肛參、白底輻肛參、棘手乳參、藍指海星、白棘三列海膽、口鰓海膽、梅氏長海膽、蜈蚣櫛蛇尾、齒櫛蛇尾、環棘鞭蛇尾、長大刺蛇尾。

其他：德斑活額蝦、紅斑瓢蟹、公雞饅頭蟹、環紋金沙蟹、銅鑄熟若蟹、光手酋婦蟹、粗糙酋婦蟹、長趾方蟹、淺礁梭子蟹。

斑芋螺

樂譜芋螺

花環芋螺

德斑活額蝦

光手酋婦蟹

花冠芋螺

旗幟芋螺

鼠芋螺

交通資訊

　　參閱蛤板的交通說明。

觀賞季節

　　全年，也適合作夜間採集。

注意事項

　　越過右側消波塊時請注意銳利的岩石及安全。航道內水深可達三公尺，水性不好則不要接近。在港的左側礁岩區浮潛時，注意舢板進出。

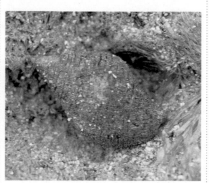
粗紋峨螺

小楊桃螺

短拳螺

鏈結螺

豔美峨螺

細斑峨螺

金絲岩螺

紫口岩螺

角岩螺

柳絲芋螺

山豬溝

　　山豬溝位於島的西側,離蛤板不遠。此區是一個小村落,也有一個小港口。右側是一個小港,越過防波堤及礁岩區則是一個珊瑚礁平台,適合做潮間帶的採集與觀察。

　　左側的港口有一天然小海灣,適合浮潛,由於受到堤岸保護,風浪非常小,小漁港內進出的舢板很少,相當安全。此區水質清澈,是浮潛和戲水的好地方。

　　如果要做潮間帶採集,可越過港右側的防波堤,那裡有一大片珊瑚礁平台,生物豐富,適合做戶外教學。

　　如果要浮潛,則港的左側小海灣是很好的地點,但缺乏大型珊瑚。這裡的地形是砂和岩礁混合區,礁岩上有一些珊瑚,景觀不是很美,但是其他海洋無脊椎動物如海膽、海參、貝殼相當豐富。

山豬溝舊港左岸

船長芋螺

帝王芋螺

紫霞芋螺

可見物種

軟體動物：果粒蛙螺、淡斑蟹守螺、黑千手螺、千手螺、阿拉伯寶螺、雨絲寶螺、山貓寶螺、黑星寶螺、黑痣寶螺、龜甲寶螺、船長芋螺、帝王芋螺、紋身芋螺、柳絲芋螺、花環芋螺、花冠芋螺、斑芋螺、樂譜芋螺、鼠芋螺、紫霞芋螺、織錦芋螺、旗幟芋螺、矮毛法螺、金口法螺、紫口岩螺、黃齒岩螺、玫瑰岩螺、白結螺、鏈結螺、銀杏螺、水字螺、釣鍾旋螺、紅斑塔旋螺、多稜旋螺、紫口旋螺、赤旋螺、結螺、橄欖螺、寶島榧螺、花瓶鳳凰螺、大岩螺、金唇岩螺、金絲岩螺、角岩螺、銀口蠑螺、金口蠑螺、短拳螺、海兔螺、臍孔白玉螺、蟾蜍蛙螺、突瘤蛙螺、細斑峨螺、粗紋峨螺、豔美峨螺、尖頭織紋螺、半彫織紋螺、縱斑筆螺、紅牙筆螺、火焰筆螺、大焰筆螺、帝王筆螺、金桔筆螺、凹旗筆螺、白帶蛹筆螺、金線蛹筆螺、白障泥蛤、。

棘皮動物：非洲異瓜參、黑海參、蕩皮參、黑赤星海參、棘輻肛參、白底輻肛參、棘手乳參、藍指海星、白棘三列海膽、口鰓海膽、梅氏長海膽、蜈蚣櫛蛇尾、齒櫛蛇尾、環棘鞭蛇尾、長大刺蛇尾。

尖頭織紋螺

寶島榧螺

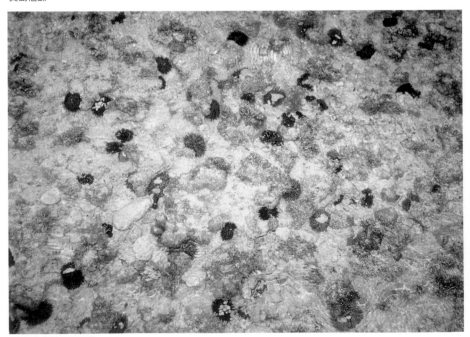

潮間帶多梅氏長海膽

半彫織紋螺

紋身芋螺

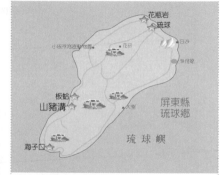

交通資訊

參閱蛤板的交通說明。

觀賞季節

全年皆宜。

注意事項

要前往港右側潮間帶平台需穿越消波塊及堤岸區，注意行走安全。港左側小海灣，水深不一，水性不佳者，請勿在此戲水、游泳或浮潛。

山豬溝

縱斑筆螺

紅牙筆螺

火焰筆螺

平瀨框螺

大焰筆螺

金桔筆螺

白帶蛹筆螺

帝王筆螺

凹旗筆螺

金線蛹筆螺

澎湖之旅

後寮・赤崁

澎湖之旅

　　第一次到澎湖做研究是在1984年，當時我在中山大學唸研究所，學姐在白沙鄉的後寮十八王公廟前面做海星生殖和族群研究，我常陪她來。在寒冷的一、二月，學姐弟二人跪在泥沙地上摸索海星，寒冷的東北季風刺骨，冰冷的海水凍僵了雙手，讓我印象深刻。陪了她近十個月，我也愛上了澎湖，不論再如何忙，每年暑假我都會來一趟澎湖，吃頓海鮮，回味這裡獨一無二的潮間帶。

　　當時我們住在白沙鄉的澎湖水試所分所，晚上的大退潮，我和水試所一位在地職員每天到赤崁的石滬及礁岩區撿紅螺、珠螺、鐘螺、標墨魚、抓小章魚、抓錢鰻……。黃昏，工作完畢，學姐弟二人常坐在堤岸上看彩霞滿天，直到潮水緩緩淹到堤岸。

　　有一年六月，水試所朋友在魚池中抓了十幾隻野生的大螃蟹，當晚清蒸，我去雜貨店買了一瓶瓷瓶的竹葉青，四人在堤岸上剝著蟹肉、啜著酒、頂著滿天星斗，直到深夜。六月的澎

海景遠眺

石滬

湖，沒有風，只有潮聲和海的味道，這種回憶讓我一直深愛著澎湖。

後來，我又來了幾次澎湖，每次都會到後寮和赤崁。後寮是內灣，多沙岸；赤崁是外灣，多珊瑚礁。這二個地點潮間帶都非常寬廣，也都來過非常多次，生物相也較熟悉。所以澎湖我只介紹這兩個地方，這兩地生物是澎湖本島海岸生物的代表。

最近幾年，我來澎湖都有很重的採集工作，我們將車開到高雄，人和車坐台華輪過來，一待就是十天，有車就非常方便，可以載連許多器材用品來澎湖。如果是搭飛機前來，則可以在島上租機車或小客車。我建議七到八人，二、三部車最適合。到離島旅行，人多一些也有照應，也較熱鬧。

澎湖夏天缺水，島上也沒有河川及溪流，所以較不適合露營。馬公市區有很多出租汽、機車的地方，交通不成問題，吃和住也非常方便。

玄武岩景觀

後　寮

　　後寮位於白沙鄉，這裡屬於澎湖內灣，潮間帶寬廣，底質是沙質及岩石碎片混合組成，靠近低潮線附近有珊瑚生長，但礁體並不發達。

　　這裡的生物相非常豐富，其中最特別的是飛白楓海星，一種生活在中潮區沙地上的海星，每年五到八月會進行假交配，雄海星爬到雌海星背上，等待雌海星產卵，雄性再排精子，完成受精。退潮時，中潮區以下有多種露出水面的海綿及珊瑚，石下有多種螃蟹類、貝類及黃疣海參。在潮池的沙地上可以發現小灰玉螺的卵帶，螺旋形，像個到翻的小碟。傍晚，許多小灰玉螺由沙中爬出，在沙地上爬行覓食，留下一條條長長爬痕，尋著痕跡走，就可發現牠們。

　　退潮時，常有幾個老婦人蹲在沙地上挖歪簾蛤，產量非常豐富。他們循著退潮往下挖，漲潮時又挖回來，一來一回，形成有趣的畫面。

　　有一年五月，我到這裡做夜間採集，提著手電筒在低潮區的潮池中走著，低潮線附近沙地上有許多對光點在移動，這些光點在手電筒照射下閃閃發亮，走近一看，原來是沙蝦，每一隻有十三、四公分長，受到驚嚇，牠們緩緩游開。我在後跟隨。突然，牠們停了下來，用腹部附肢快速挖沙，潛入沙中，只露出二個發亮的眼睛。我帶著手套，朝牠背上的沙子壓了下去，讓牠無法逃

退潮時，許多當地人在挖蛤類，其中以歪簾蛤產量最豐，牠們追著潮水，來來回回，形成澎湖海岸特別的畫面

206

脫，將蝦連沙一把抓起，牠在掌心中掙扎彈跳，徒手抓蝦，這是難得的經驗。

　　高潮區的沙地上有許多放射狀痕跡，走近一看，一隻隻乳白色蠕蟲正伸出前端來覓食。一受到驚嚇，身體快速縮入洞中。我又找了另幾處痕跡，這次小心翼翼靠近，仔細觀察，原來是一隻柱頭蟲。牠是頗特別的動物，屬於半索動物門，住在洞穴中，平常會伸出身體前端，分泌黏液，黏取沙地上的有機物碎屑為食。

　　後寮的這一大片潮間帶生物是澎湖內灣的生物代表，每一次來澎湖，都要到此走走，總有意外的收穫。

◎退潮時的後寮，潮間帶寬廣，這也是澎湖海岸一大特色。後寮位於內灣，底質是沙、礫石及岩片組成

可見物種

軟體動物：黑瘤海蜷、燒酒海蜷、海蜷蟹守螺、珠螺、紫口寶螺、百眼寶螺、花鹿寶螺、疙瘩寶螺、金環寶螺、愛龍寶螺、阿拉伯寶螺、波紋玉黍螺、珠螺、小灰玉螺、漁舟蜑螺、黑嘴鳳凰螺、焦黃峨螺、粗瘤旋螺、粗肋結螺。唱片簾蛤、厚殼縱簾蛤、紋斑稜蛤、歪簾蛤、黃文蛤、黑齒牡蠣、紅鬍魁蛤、黑石蠔、墾偏頂蛤。

棘皮動物：黃疣海參、蕩皮參、棘手乳參、飛白楓海星、綠蛛蛇尾、輻蛇尾。

其它：角網藻、海綿、捲曲菊珊瑚、粗腿綠眼招潮蟹。

黑瘤蟹守螺也是中高潮區常見的貝類

栓海蜷是高潮區常見的貝類

百眼寶螺

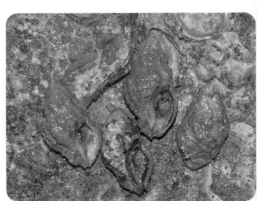

稜結螺多躲在石塊下方，要翻起石塊才可發現

粗瘤旋螺

粗肋結螺

黑石蚵生活在低潮線附近的珊瑚石中,是一種穿孔性貝類

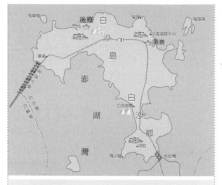

交通資訊

　　此片灘地位於十八王公廟之前,有產業道路經過,交通非常方便。

觀賞季節

　　全年,春、夏為佳。

注意事項

　　注意潮水,地形不熟者不要離岸太遠。此區只適合潮間帶採集,不適合進行浮潛。

小灰玉螺是多沙的潮池中較常見的螺類,夜形性,傍晚由沙地中鑽出,開始活動,白天則潛藏在沙地中

209

會假交配的海星——飛白楓海星

飛白楓海星的外型好像一片掉落在海底的楓葉一般,所以有這樣一個名字。飛白楓海星主要分佈在澎湖,牠們生活在潮間帶的沙地上,以小型藻類及有機物的碎屑為食。牠的嘴巴長在腹面(貼在地上的一面),剛好長在中間。牠的胃是綠色,吃東西的方式很特殊,牠把胃由口中翻出來,覆蓋在食物上,然後分泌消化液把食物消化,再從胃將養份吸收回體內。

大多數海星的生殖方式是行體外受精,雌性和雄性分別把卵子及精子排放到海水中受精,受精卵在海水中發育成為漂浮性幼虫,大約二週後,幼虫會沉降到海底變成小海星。

體外受精通常是較低等的無脊椎動物的受精方式,一般而言,體外受精的生物父母親都無法照顧牠們;因此,大多數幼虫會因為沒有受到保護而被其他生物吃掉,或是無法逃開惡劣環境而死亡,只有極少數幸運者能存活下來。然而,行體外受精的生物一般都會排放數以萬計或千萬計的精子或卵子,在這種卵海戰術的策略下,縱然只有千分之一的個體存活下來,牠們的種族還是可以生生不息。所以,每一種能夠在地球上生存的生物,一定有他特殊且維妙的生活及生殖方式。

飛白楓海星也不例外,每年的六月及七月是飛白楓海星的生殖季,在澎湖的潮間帶沙地上,可以發現許多飛白楓海星在沙地上快速爬行,每一分鐘可爬二公尺遠,這種速度在海星中算是非常快的,牠平常是不會跑這麼快,只有在生殖季時為了找尋配偶才會有這種近乎瘋狂的運動速率。

雄飛白楓海星和雌飛白楓海星在外形、顏色上幾乎沒有差異,唯一差別是雄海星的體型比雌海星瘦小,這可能是在生殖季為了找「女朋友」而「廢寢忘食」及「運動過度」有關。

當雄性找到雌性配偶時,牠就會疊在雌性上面,緊緊抓住,靜靜等待雌性成熟排卵,這種重疊情況有時可達一個月之久;這種重疊行為和青蛙的假交配行為(雄蛙抱住雌蛙)是相似的。只有雄性疊在雌性上,而沒有雌性疊在雄性上面。如果勉強把雌性疊在雄性上面,或將兩隻雌性疊在一起,牠們很快就會分開。

通常一隻雌海星的背上只會有一隻雄性海星,但在少數情況下,許多雄海星會爭奪雌海星,一隻雌性的背上會疊有兩隻以上的雄海星。雄海星緊緊地扒在雌海星背上,耐心地等待雌海星排卵,當雌海星排卵時,雄海星也同時排放精子,達到受精的目的。

對體外受精的生物而言,如果雌、雄個體距離太遠,牠們的精子及卵子受精的機率會減少,生殖的成功率會變低。相反地,越靠近則成功受精的機率變大。飛白楓海星這種假交配行為最大的好處是提高受精的成功率,使得種族能夠綿延不絕。

飛白楓海星沒有眼睛,究竟雄海星是如何辨別雌海星?海洋生物學家推測牠們是透過彼此的化學物質辨別對方性別。

假交配中的飛白楓海星，公的在上，母的在下

綠蛛蛇尾

花鹿寶螺

珠螺

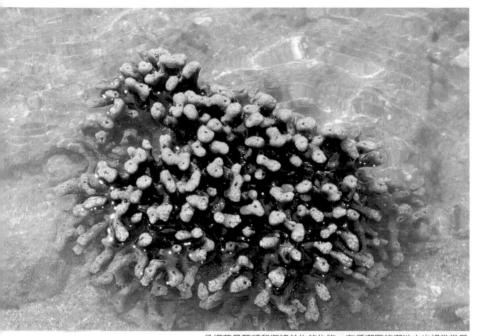

角網藻是藻類和海綿共生的生物，在低潮區的潮池中也相當常見

海綿是此區中低潮區常見的海洋生物，但由於台灣很少人研究，名稱多不知道

捲曲菊珊瑚

粗腿綠眼招潮蟹

柱頭蟲屬半索動物門，是一般人較不熟悉的蠕蟲類

黃疣海參是澎湖潮間帶最常見的海參，身體呈咖啡色，背上的肉疣呈黃色

赤　崁

刺腕鱗海燕

　　赤崁位於白沙島的北邊，此區右側是赤崁漁港，左側是一大片寬廣潮間帶，每次來澎湖，一定來這裡做白天及夜間採集。

　　此區在低潮線附近有許多石滬，石滬區的生物相豐富，白天採集時可以翻動石塊，找尋底下的無脊椎動物。晚上，石滬的潮地中有糙刺參、海膽及各種貝類出來活動，這些生物白天躲在洞中，不易發現。

　　入夜以後，許多撿貝殼、海膽或抓章魚的漁民會走向低潮線，如果能徵得對方同意，一同前往，除了安全之外，一定會有許多意外的收穫。有好幾次我都是和當地人同行，他們抓海鮮，我則採集和攝影，每次都有豐富的收穫。

　　聽說這裡的海岸地形以前都是活珊瑚，後來被人每天踐踏，現在全是珊瑚骨骼。

赤崁潮間帶，潮水剛開始退

斑點毒棘海膽

石塊下的扁蟲（扁形動物門）

退潮後半埋在沙中的蕩皮參

可見物種

軟體動物：黑瘤海蜷、燒酒海蜷、海蜷蟹守螺、金環寶螺、貨幣寶螺、阿拉伯寶螺、地圖寶螺、愛龍寶螺、波紋玉黍螺、珠螺、結螺、稜結螺、黃齒岩螺、小灰玉螺、白玉螺、漁舟蜑螺、褐線峨螺、黑嘴鳳凰螺、素面黑鐘螺、銀塔鐘螺、高腰蠑螺。唱片簾蛤、尖角江珧蛤、黃文蛤、黑齒牡蠣、波紋櫻蛤、墾篇頂蛤、紅鬚魁蛤。

棘皮動物：刺腕蠍海燕、黃疣海參、黑海參、蕩皮參、虎紋參、糙刺參、棕環參、斑點毒棘海膽、梅氏長海膽。

一群人正在等退潮，潮水一退，眼前全是潮間帶

　　有一次，我在這裡工作到晚上十點多，從低潮線開始走回來，疲憊的步伐踏在這些殘骸上，發出清脆的沙沙聲。手電筒微弱的光照在前方僅數公尺遠的水潭中。突然，兩公尺前的碎珊瑚中有東西在蠕動，慢慢拱起，像有一隻小怪獸想從地下鑽上來，一隻、二隻、三隻……一共十多隻，走近一瞧，是一種海膽。

　　這種海膽我很熟悉，名叫斑點毒棘海膽，以前曾在墾丁看過牠們，但卻苦於沒有標本，十多年來只看過一隻，對於牠們的棲所和生活習性一無所知。今晚經歷真是千載難逢，如獲至寶。原來牠們白天會地遁，鑽到碎珊瑚下休息及躲藏。我上前觀察，一受到驚嚇，牠們很快又地遁回去。很好奇牠們是如何鑽過這些硬珊瑚碎片？碎珊瑚那麼硬，牠們是如何作到的？原來牠們用身上的短刺和管足將碎片推開，成千成百的管足也可幫忙將碎片移開，速度極快，一分鐘不到就可逃到地底。這著實讓我大開眼界。他們冒出來的速度更快，一分鐘就可鑽出來。

　　讓我驚訝的是，這些碎片之下竟然躲著這種大型生物，在白天，這些地方像沙漠一般，沒有生物，但是一到晚上，許多沙地中的夜行性生物紛紛跑出來，這裡會熱鬧的像夜總會一般，這類動物稱為夜行性動物。

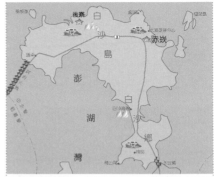

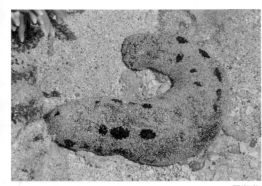

黑海參

糙刺參

銀塔鐘螺

交通資訊

此區緊臨赤崁漁港，交通便利，請參閱地圖。

觀賞季節

全年，春、夏為佳。

注意事項

此區由於潮間帶寬廣，採集時最好有當地熟人帶領，尤其是夜間採集極易迷路。白天或夜間採集請注意漲潮時間，夜間採集需自備大型手電筒。如果無熟人帶領，切勿離岸太遠。

柱頭蟲

Q&A

超級糞堆——柱頭蟲

　　我常去礁岩海岸做研究，但有一種動物讓我好生納悶，很少看到牠的廬山真面目，只看到一坨坨超級大糞堆。

　　回來翻了參考書才知道牠叫柱頭蟲，是一種蠕蟲，全部生活在海洋中。在動物分類學上，牠屬於獨立的一個動物門，稱為半索動物門。牠的背部及腹部具有原始的中空神經索，稱為領索，其中含有巨大的神經細胞，可能和脊索動物中空的神經索有相同起源，所以自成一個半索動物門。

　　半索動物主要生活在淺海，特別是潮間帶，種類很少，全世界大約只有70種，主要穴居在泥沙中或石塊之下，體長大多在10～40公分之間。身體分成吻部、領部及軀幹三部份，嘴巴長在領部的前端，靠近腹面。主要吞食泥沙，以其中的有機物為食，洞穴之外常可看到一坨糞堆。

　　柱頭蟲的再生能力很強，失去的軀幹可以再生出來，有些種類可以進行斷裂式的無性生殖，由一隻變成兩隻。在有性生殖方面，柱頭蟲是雌雄異體，雌雄分別將卵子和精子排放到海水中完成授精，受精卵發育為幼蟲，在水中發育二到三週後沉入海底，變態為成蟲，行穴居生活。

棕環參

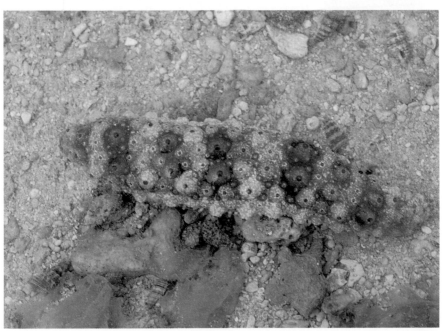

虎紋參

粗腿綠眼招潮蟹

高腰蜑螺

黃齒岩螺

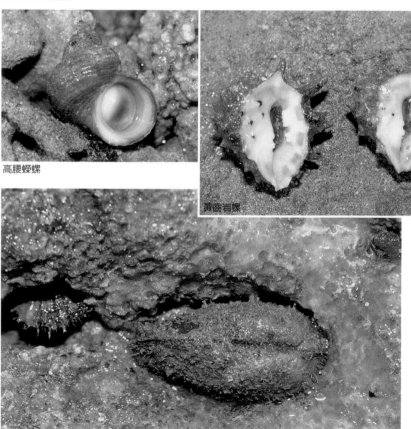

紅鬚魁蛤

白玉螺

褐線峨螺

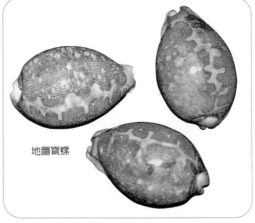

地圖寶螺

阿拉伯寶螺（亞成貝）

波紋玉黍螺

223

台灣礁岩海岸

生物圖鑑篇

攝於蘭嶼

科名：羊鬚水母科 Ulmaridae

髮水母

學名：*Phacellophora* sp.

特徵及生態：觸手可長達2公尺，大洋性，旁邊常有共生性水母鯧。

科名：海葵科 Actinidae

球觸手海葵

學名：*Entacmaea quadricolor*
(Ruppell & Leuckart)

特徵及生態：觸手末端膨大為球狀，口盤顏色和觸手顏色相近。收縮後的柱部平滑，一般是棕色，有時呈綠色或紅色。

分布：廣布印度－西太平洋地區。

科名：輻盤珊瑚海葵科 Actinodiscidae

盤苔擬珊瑚海葵

學名：*Discosoma cf. bryoides*
(Haddon et Shackleton)

特徵及生態：珊瑚礁海域低潮線到水深3公尺的岩壁上常可發現。介於珊瑚和海葵之間，屬於擬珊瑚海葵目 (Order Corallimorpharia)。

分布：熱帶珊瑚礁淺海

文獻：Nishimura 1992:146-147。

科名：輻盤珊瑚海葵科 Actinodiscidae

表泡擬珊瑚海葵

學名：*Discosoma aff. nummiforme*
Rüppell et Leuckart

特徵及生態：口面有泡狀凸起，一般爲綠色或深褐色。珊瑚礁海域低潮線，到水深2公尺岩壁陰暗處常可發現。屬於擬珊瑚海葵目（Order Corallimorpharia）

分布：印度－西太平洋廣分布種

文獻：Nishimura 1992:146。

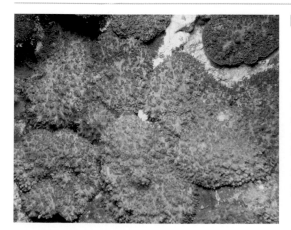

科名：輻盤珊瑚海葵科 Actinodiscidae

瑰口擬珊瑚海葵

學名：*Discosoma cf. rhodostoma*
(Ehrenberg)

特徵及生態：口部呈玫瑰紅色，整體顏色是綠色或棕色。生活於珊瑚礁海域水深3公尺以內岩壁上。爲擬珊瑚海葵目（Order Corallimorpharia）。

分布：日本、台灣。

文獻：Gosliner et al. 1996: 68。

科名：投海葵科 Boloceroididae

原年投海葵

學名：*Boloceractis cf. prehensa*
(Moebius)

特徵及生態：常被花紋細螯蟹抓在鉗螯部充當防禦武器，常出現在礁岩海域。多生活在礁岩海域水深1～5公尺，珊瑚礁海域較常見。

分布：廣布印度－西太平洋地區，日本、台灣。

文獻：Nishimura 1992: 132。

水母、海葵

科名：角海葵科 Cerianthidae

蕨形角海葵

學名：*Cerianthus filliformis* Carlgren

特徵及生態：生活在10公尺深沙地上、珊瑚礁海域。紫色。稀有。

分布：日本、台灣。

文獻：益田等 1991: 68，Nishimura 1992: 124，pl.28，fig.1。

科名：鏈索海葵科 Hormathiidae

蟌形美麗海葵

學名：*Calliactis polypus* (Forsskal)

特徵及生態：伸展時柱部可達4公分長，基部有許多縱走斑，觸手及柱部常雜有其他色斑。常附著在大型寄居蟹的貝殼上，多出現在礁岩海岸，在夜間常可在墾丁地區港灣及大型潮地採獲。

分布：日本到菲律賓海域。

文獻：Nishiumra 1992:143。

科名：刺指海葵科 Stichodactylidae

串珠雙輻海葵

學名：*Heteractis aurora*

(Quoy & Gaimard)

特徵及生態：體盤徑可達30公分，觸手有念珠狀突起。由潮間帶大型潮池到10公尺亞潮帶均可發現。有7種小丑魚和這種海葵共生。

分布：廣布印度－西太平洋地區。

文獻：Gosliner et al. 1996:64。

纖細海葵

學名：*Heteractis malu*
(Haddon & Shockleton)

特徵及生態：口盤徑可達20公分。觸手呈指狀，末端常呈紫紅色。常有短腕小岩蝦(*Periclimenes brevicorpalis*)共生。常見於墾丁珊瑚礁海域。

分布：馬來西亞、泰國、澳洲、印尼、菲律賓、日本、呂宋、夏威夷。

文獻：Gosliner et al. 1996: 64。

海葵

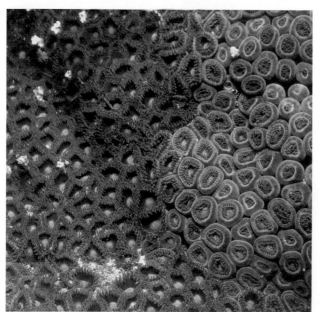

太平洋群海葵

學名：*Zoanthus aff. pacificus*
Walsh et Bowers

特徵及生態：觸手圍成兩圈。生活於礁岩海岸低潮線至水深2公尺，大多生活於碎浪帶。屬珊瑚蟲綱、群體海葵目 (Zoanthidea)。

分布：廣布印度－西太平洋地區。

文獻：Nishimura 1992: 125-126。

科名：群體海葵科 Zoanthidae

瘤皮群海葵

學名：*Palythoa (Palythoa)* cf. *tuberculosa* (Esper)

特徵及生態：水螅蟲連在一起，無個別的基座組織。通常生活於珊瑚礁海域低潮線至水深2公尺處。屬於珊瑚蟲綱(Anthozoa)、群體海葵目(Zoanthidea)。

分布：日本、台灣。

文獻：Nishimura 1992: 126。

科名：穗軟珊瑚科 Nephtheidae

直立穗軟珊瑚

學名：*Nephthea erecta* Kukenthal

特徵及生態：群體呈叢狀，高30～40公分，珊瑚蟲呈稻穗狀，主幹呈白色，穗部為淡黃綠色。生活於5～15公尺海底平臺或斜坡上。

分布：廣布印度－西太平洋地區的暖水域。

文獻：戴 1989:164。

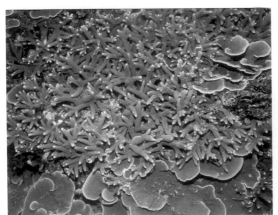

科名：軸孔珊瑚科 Acroporidae

矛枝軸孔珊瑚

學名：*Acropora aspera* (Dana)

特徵及生態：顏色為褐色、淡褐色或暗綠色。分枝短。生活於深3～5公尺處。

分布：廣布印度－西太平洋地區暖水域。

文獻：西平守孝1991:49，Veron 1986:164。

攝於蘭嶼

科名：軸孔珊瑚科 Acroporidae

匍匐軸孔珊瑚

學名：*Acropora palmerae* Wells

特徵及生態：群體剛成長時基部呈覆蓋型。生活於低潮線碎浪區到水深2公尺，一般呈綠色或灰綠色。

分布：澳洲、馬歇爾群島、菲律賓、台灣。

文獻：Veron 1986:149，戴1989：49。

攝於墾丁核三廠入水口，水深5公尺

科名：軸孔珊瑚科 Acroporidae

軸孔珊瑚之一種

學名：*Acropora sp.*

特徵及生態：一般呈綠色到灰綠色，呈叢狀而非桌狀，分枝不規則，分枝末端珊瑚蟲體較大且顏色較淡。活動於珊瑚礁區海域水深5～10公尺的沙地上，多生活於水流半緩處。

攝於蘭嶼開元港，水深4公尺

科名：軸孔珊瑚科 Acroporidae

疣表孔珊瑚

學名：*Montipora verrucosa* (Lamarck)

特徵及生態：群體呈葉形且微微重疊捲曲，表面突起疣相當一致。群體多呈黃褐色或綠褐色。

分布：廣布印度洋－太平洋珊瑚礁區。

文獻：Veron 1986:107，戴1989:62，西平守孝1991:29。

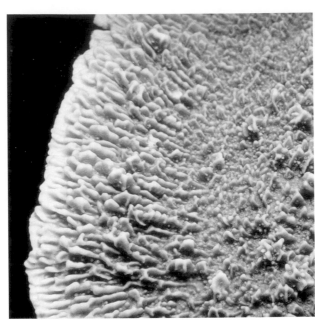

攝於蘭嶼椰油，水深4公尺

科名：軸孔珊瑚科 Acroporidae

波形表孔珊瑚

學名：*Montipora undata* Bernard

特徵及生態：群體一般是扁平的不規則形，表面具有與邊緣垂直的脊，邊緣的脊多平行排列，中央部份的脊多不規則。群體黃褐色或灰綠色。

分布：台灣、菲律賓、印尼、澳洲大堡礁。

文獻：戴1989:61，Veron 1986:105。

科名：軸孔珊瑚科 Acroporidae

瘭葉表孔珊瑚

學名：*Montipora aequituberculata* Bernard

特徵及生態：群體葉形，葉片薄，扁平伸展或叢生成螺旋形。生活於深3～5公尺，常見。

分布：廣布印度洋－太平洋珊瑚礁區。

文獻：Veron 1986:120，戴1989:69，西平守孝1991:34。

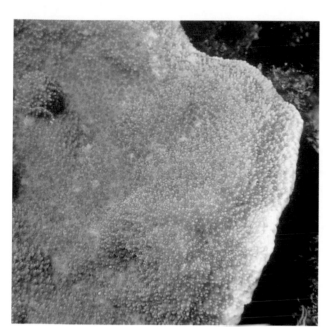

變形表孔珊瑚

學名：*Montipora informis*
Bernard

特徵及生態：群體呈團塊狀。珊瑚蟲均勻分布在骨骼上，疣的末端為白色或紫色。每隻珊瑚蟲骨骼凹陷。珊瑚蟲顏色棕色或棕白色混雜。

分布：馬達加斯加到新幾內亞、大堡礁、台灣、日本。

文獻：Veron 1986: 118，西平守孝1991: 32，戴1989: 67。

珊瑚

攝於蘭嶼虎頭坡

雙星珊瑚

學名：*Diploastrea heliopora*
(Lamarck)

特徵及生態：珊瑚蟲直徑多小於1公分，群體可達2～3公尺，多呈團塊狀。動物生活於水深3～5公尺。

分布：廣布印度洋、太平洋珊瑚礁區。

文獻： Veron 1986:512-513，戴1989:105，西平守孝1991:203。

攝於蘭嶼椰油，水深3公尺

科名：菊珊瑚科 Faviidae

片棘孔珊瑚

學名：*Echinopora lamellosa* (Esper)

特徵及生態：群體呈片狀，層層堆疊，或覆蓋在礁岩上，灰綠色，邊緣常呈淡黃色。生活於水深3～15公尺。

分布：西起紅海，東到馬歇爾群島、大堡礁、台灣。

文獻：Veron 1986:528-529，戴1989:106，西平守孝1991:210。

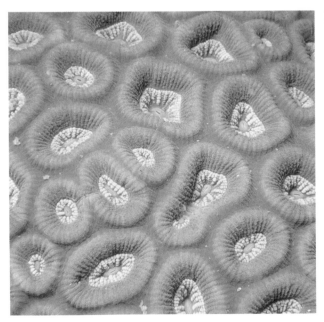

科名：菊珊瑚科 Faviidae

圈紋菊珊瑚

學名：*Favia pallida* (Dana)

特徵及生態：珊瑚個體直徑約1公分，生活於低潮線至水深2公尺，常見種。本種和正菊珊瑚相當類似，但本種形狀較不規則，而且珊瑚個體較小。

分布：西起東非、紅海、東到Samoa及Tuamotu群島、澳洲大堡礁、日本、台灣。

文獻：Veron 1986:456，西平守孝1991:172。

台灣礁石海岸地圖

翼形角星珊瑚

學名：*Goniastrea palauensis*

(Yabe, Sugiyama & Eguchi)

特徵及生態：珊瑚蟲直徑1～2公分，群體呈平鋪的團塊狀，珊瑚個體大且深，可清楚看到籬片所形成的環。生活於水深2～3公尺，常見。

分布：帛留、新幾內亞、澳洲、台灣。

文獻：Veron 1986:487。

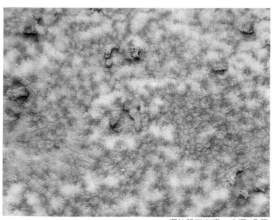

橫柔星珊瑚

學名：*Leptastiea transversa* Klunzinger

特徵及生態：團塊狀，珊瑚蟲骨骼外形呈不規則多角形，群體呈棕色或淡黃色。

分布：澳洲、新幾內亞、台灣、日本。

文獻：Veron 1986: 517，戴1989:124 西平守孝 1991: 205。

攝於墾丁南灣，水深3公尺

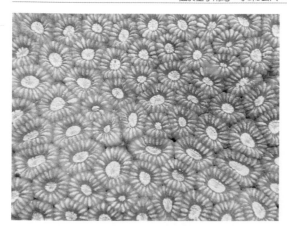

華倫圓菊珊瑚

學名：*Montastrea valenciennesi*

(Edwards & Haime)

特徵及生態：群體呈團塊狀或匍伏，呈淡綠褐色或灰色，行觸手外出芽生殖，隔片3環。生活於水深2～5公尺，常見。

分布：廣布印度－太平洋珊瑚礁區。

文獻：Veron 1986: 507，戴1989:114 西平守孝 1991: 200。

珊瑚

攝於澎湖後寮潮間帶

科名：菊珊瑚科 Faviidae

捲曲菊珊瑚

學名：*Oulastrea crispata* (Lamarck)

特徵及生態：群體直徑多小於10公分，平鋪於多淤泥的岩石上，或呈小團塊狀。骨骼爲黑色，但隔片爲白色，乾標本顏色不變。生活於多沙且寬廣的潮間帶。

分布：澳洲、澎湖、日本。

文獻：Veron 1986:508，西平守孝1991:201。

科名：蕈珊瑚科 Fungiidae

蛞蝓蕈石珊瑚

學名：*Herpolitha limax* (Houttuyn)

特徵及生態：珊瑚體狹長，兩端鈍圓，少數第1隔片(初級隔片)由中央溝伸展到周圍，行自由生活。

分布：紅海向東到Tuamotu群島、澳洲、台灣、日本。

文獻：Veron 1986:350，戴1989:89，西平守孝1991:123。

直紋合葉珊瑚

學名：*Symphyllia recta* (Dana)

特徵及生態：群體球形或半球形，外表呈腦紋狀，綠色、灰色或褐色，溝紋徑1.2～1.5公分。中央及頂部通常為規則的直紋，邊緣多不規則的彎曲。

分布：由馬爾地夫向東到馬歇爾群島、澳洲、菲律賓、台灣、日本。

文獻：Veron 1986: 422，戴1989:139，西平守孝 1991:157。

珊瑚

叢生棘杯珊瑚

學名：*Galaxea fascicularis* (Linnaeus)

特徵及生態：群體呈團塊狀或不規則鋪於礁岩上，珊瑚蟲體隔片向上突出，並向內伸展到中央，顏色有淡綠及灰色等。

分布：紅海向東到斐濟、澳洲、菲律賓、台灣、日本。

文獻：Veron 1986:367，戴1989:125，西平守孝 1991:133。

攝於墾丁核三廠出水口，水深5公尺

科名：鹿角珊瑚科 Pocilloporidae

疣鹿角珊瑚

學名：*Pocillopora verrucosa*
(Ellis & Solander)

特徵及生態：由低潮線至水深5公尺常見。分枝粗壯，群體呈團塊狀。顏色由淡紫紅到褐色，顏色變化頗大。恆春珊瑚礁海域常見，生活於海流強勁的低潮線附近，大退潮時常露出水面。

分布：由紅海、東非向東到夏威夷，廣分布種。

文獻：Veron 1986: 74-75，戴1989:71，西平守孝1991: 16。

科名：鹿角珊瑚科 Pocilloporidae

巨枝鹿角珊瑚

學名：*Pocillopora eydouxi*
Edwards & Haime

特徵及生態：群體具粗大的分枝，分枝側偏，分枝由疏離到緊密，特別是海流較強勁處。生活於水深4～15公尺。

分布：由紅海向南到莫三比克，向東到夏威夷，廣分布種。

文獻：Veron 1986: 78-79，戴1989:70，西平守孝1991: 18。

尖枝列孔珊瑚

學名：*Seriatopora hystrix*
Dana

特徵及生態：分枝末端尖
細，分枝常呈雙分叉狀，
外形變化頗大，有些緻
密，有些稀疏。顏色由粉
紅色到乳油綠都有。常出
現在水深2～5公尺處。

分布：廣布印度洋及西太
平洋。

文獻：Veron 1986: 82，戴
1989:74，西平守孝 1991:
21。

珊瑚

萼柱珊瑚

學名：*Stylophora pistillata*
(Esper)

特徵及生態：群體分枝呈
圓柱形，頂端圓鈍，頂端
常有瘦蟹的蟲瘤，分枝處
則常有珊瑚螺寄生。顏色
變化多，有粉紅、綠色或
藍色。生活於水深2～5公
尺。

分布：廣布印度洋及西太
平洋。

文獻：Veron 1986: 84-85，
戴1989:73，西平守孝
1991: 23。

攝於墾丁南灣

歧枝微孔珊瑚

學名： *Porites nigrescens*
Dana

特徵及生態： 群體呈分枝狀，頂端鈍 。生活於多沙及多珊瑚骨骼碎片且水流平緩的潮池中。易碎。

分布： 由馬達加斯加向東到斐濟及東加。

文獻： Veron 1986:227，戴1989:102，西平守孝1991:74。

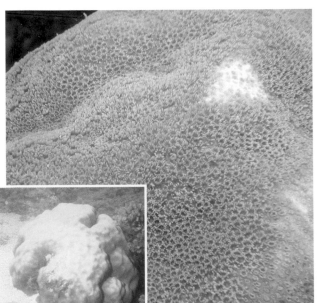

攝於墾丁南灣，水深1公尺

鐘形微孔珊瑚

學名： *Porites lutea*
Edwards & Haime

特徵及生態： 群體呈團塊狀，表面凹凸不平，直徑可大到數公尺。上面常有蛇螺、大旋鰓蟲及紫口珊瑚螺寄生。生活於低潮線至10公尺深，常見。

分布： 紅海向東到 Tuamotu 群島。

文獻： Veron 1986:224，戴1989:101，西平守孝1991:72。

圓管星珊瑚

學名：*Tubastraea aurea*
Quoy and Gaimard

特徵及生態：珊瑚個體直徑1～1.5公分，呈橙色。生活於陰暗的礁石岩壁，常見。

分布：廣布印度－太平洋地區。

文獻：Veron 1986:584-585，戴 1989:147。

(註：本種圖片和*T. faulkneri* Wells 較接近，學名有待進一步釐清。)

珊瑚

科名：樹珊瑚科 Dendrophylliidae

雙隱咽星珊瑚

學名：*Tubastraea diaphana*
Dana

特徵及生態：珊瑚蟲直徑約1～2公分，棕黑到墨綠色。叢生於陰暗岩壁上。珊瑚蟲大多晚上伸展，白天收縮。

分布：澳洲、台灣、菲律賓。

文獻：Veron 1986:585，Gosliner et al. 1996:88, fig.288。

攝於墾丁核三廠入水口，水深4公尺

攝於墾丁，水深10公尺

盾形笠珊瑚

學名：*Turbinaria peltata* (Esper)

特徵及生態：群體呈板狀，以柄固著在礁石上。群體灰色或棕色，生活於多沉積物之海域。

分布：由東非向東到馬歇爾群島，分布廣，可延伸到溫帶地區。

文　獻： Veron 1986:564， 戴1989:144，西平守孝1991:222。

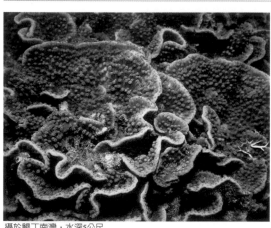

攝於墾丁南灣，水深5公尺

膜形笠珊瑚

學名：*Turbinaria mesenterina* (Lamarck)

特徵及生態：群體呈褶曲的板片狀，顏色爲綠色或灰褐色。生活於水深3～10公尺。

分布：廣分布於印度洋－太平洋珊瑚礁區，由東非、紅海向東到馬歇爾群島及斐濟。

文　獻： Veron 1986:567， 戴1989:146，西平守孝1991:224。

攝於蘭嶼，水深3公尺

腎形陀螺珊瑚

學名：*Turbinaria reniformis* Bernard

特徵及生態：群體呈匍伏的板片狀，顏色黃褐色，邊緣顏色稍淡。生活於水深3～10公尺。

分布：由孟加拉灣的尼可巴島(Nicobar Islands)向東到東加及庫克島。

文獻：Veron 1993:568，西平守孝1991: 225。

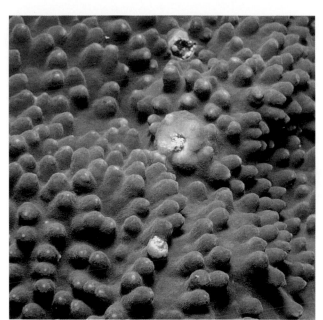

葉形笠珊瑚

學名：*Turbinaria frondens*
(Dana)

特徵及生態：群體最初略成環狀，逐漸長成水平葉狀，或略不規則。珊瑚蟲骨骼呈管狀。顏色多為暗棕綠色，或黃到灰色。

分布：由泰國西部向北到日本，向東到斐濟及沙莫阿島(Samoa)。

文獻：Veron 1993:566，西平守孝 1991:223。

攝於墾丁南灣，水深3～10公尺

珊瑚

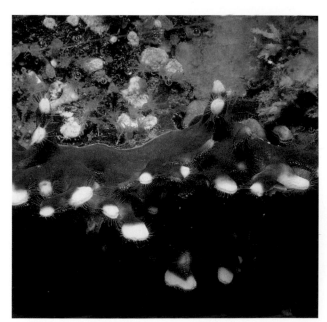

紫側孔珊瑚

學名：*Distichopora violacea*
(Pallas)

特徵及生態：群體為紫色，末端白色且常具二分叉。群體大多在20公分以下，生活在水質清澈海域，1～3公尺的岩縫中，屬於柱星珊瑚目 (Stylaste-rida)。蘭嶼海域常見。

分布：台灣、日本。

文獻：奧谷喬司1994:27

藍珊瑚

學名：*Heliopora coerulea*
(Pallas)

特徵及生態：具多種型態，柱狀到板狀，覆蓋型或團塊狀，表面為指形或柱狀突起，骨骼呈藍色，表面具大小二種孔。生活於潮間帶到水深3公尺，常見於低潮線附近。屬八放珊瑚亞綱之藍珊瑚目 (Coenothecalia)。

分布：廣布印度－西太平洋地區。

文獻：西平守孝1991:228，229，戴1989:152，Veron 1993: 614-615。

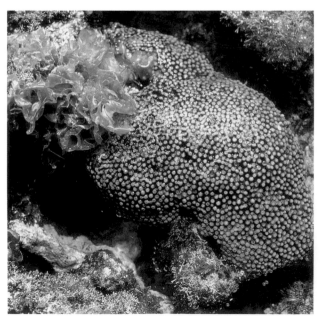

笙珊瑚

學名：*Tubipora musica*
Linnaeus

特徵及生態：珊瑚礁水深1～3公尺處常見，其群體骨骼呈笙狀，是由許多平行的個體緊密排列，骨骼癒合形成平行排列的骨管。墾丁海域常見。屬於八放珊瑚亞綱 (Octocorallia)，匍匐珊瑚目 (Stolonifera)。

分布：印度洋中部到西太平洋的珊瑚礁區。

文獻：西平守孝1991:230，戴1989:150，Veron 1993:612-613。

攝於墾丁南灣，水深2公尺

科名：千孔珊瑚科 Milleporidae

兩叉千孔珊瑚

學名：*Millepora dichotoma* Forskal

特徵及生態：群體呈片狀，分枝略扁平，分枝尖端呈白色，大多數片群聚而不像糾結千孔珊瑚群聚成團塊狀。

分布：西起紅海，東到西太平洋的珊瑚礁區。

文獻：戴1989:176。

攝於墾丁南灣，水深2公尺

科名：千孔珊瑚科 Milleporidae

糾結千孔珊瑚

學名：*Millepora intricata* Edwards

特徵及生態：群體呈團塊狀，分枝較兩叉千孔珊瑚細，分枝尖端白色，生態環境和兩叉千孔珊瑚類似。

分布：印度洋中部到西太平洋的珊瑚礁區。

文獻：西平守孝1991:234。

攝於墾丁萬里桐

科名：黑角珊瑚科 Antipathidae

一種鞭角珊瑚

學名： *Cirripathes* sp.

特徵及生態：群體呈螺旋狀，生活於5～15公尺陰暗的岩壁上，珊瑚蟲大多晚上伸展。墾丁海域紅柴到萬里桐海域較常見。骨骼為硬蛋白質，富含韌性。

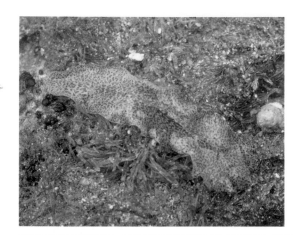

科名：平角科 Planoceridae

網紋平角渦蟲

學名：*Planocera reticulata* (Stimpson)

特徵及生態：網紋平角渦蟲屬於多腸目(Polycladida)，腸由身體中央向四周分出許多支盲囊，背部有許多棕色斑點。多生活在珊瑚礁海域潮間帶。夜行性，白天多躲在岩石下，翻過石頭偶可採獲。

分布：日本、蘭嶼、墾丁海域。

文獻：益田等1991: 93。

科名：偽角科 Pseudoceroidae

銹色偽角扁蟲

學名：*Pseudoceros ferrugineus* Hyman

特徵及生態：這種扁蟲身體背部是暗紅色，具黃色體緣，背部中央有密白點，白斑區和黃緣區之間常有藍色區。以群體海鞘爲食。

分布：澳洲、新幾內亞、菲律賓及夏威夷均有記錄

文獻：Gosliner et al. 1996: 106，fig.352

科名：無溝科 Baseodiscidae

無線紐蟲

學名：*Baseodiscus delineatus*
(Delle Chiaje)

特徵及生態：體長達1公尺，體色淡棕略綠，背上有不規則的棕色細縱帶。台灣常見於墾丁珊瑚礁海域低潮線附近。夜行性。

分布：世界性熱帶性種，印度－太平洋、大西洋、地中海均有記錄。

文獻：Goslinr et al.1996:112, fig. 378。

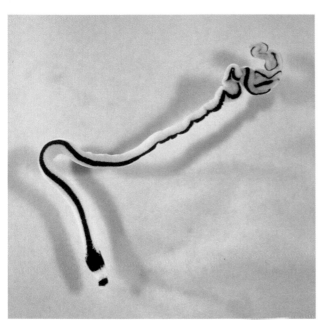

曙光紐蟲

學名：*Baseodiscus hemprichii*
(Ehrenberg 1831)

特徵及生態：大型紐蟲，
伸展時可達2公尺，寬度約
0.5～1公分。頭部有二條
橫紋，背部有一條縱斑，
縱貫全身。夜行性。在多
沙的石塊下採獲。

分布：莫三鼻克、紅海、
澳洲、菲律賓、日本、及
夏威夷。

文獻：Gosliner et al. 1996:
112, fig. 379，奧谷喬司
1997:90, fig.1。

扁蟲、紐蟲

動物採於墾丁珊瑚礁海域潮間帶

五線紐蟲

學名：*Baseodiscus
quinquelineatus* (Quoy &
Gaimard)

特徵及生態：大型紐蟲，
伸展時可達3公尺長，寬度
變化很大，收縮時體寬為1
～2公分。背部有3條縱
帶，腹部2條。全身有黏
液。夜行性，白天大多躲
藏在石塊下。

分布：澳洲、新幾內亞、
印尼、新加坡、菲律賓及
日本。

文獻：Gosliner et al.1996:
113, fig. 380。

動物採於墾丁珊瑚礁海域潮間帶

科名：石鱉科 Chitonidae

海膽石鱉

學名：*Acanthopleura spinosa* (Bruguiere)

特徵及生態：體長可達8公分，身體周圍的外套膜有黑色長棘是本種特徵。活動於珊瑚礁海域潮間帶。夜行性，白天多躲在岩縫中，晚上至礁岩上啃食藻類。

分布：澳洲北部到菲律賓、台灣、日本。

文獻：Gosliner 1996:123, fig.420，奧谷喬司 2000:19.

攝於東北角龍洞灣

科名：石鱉科 Chitonidae

琉球花棘石鱉

學名：*Acanthopleura loochooana* (Broderip & Sowerby)

特徵及生態：體長約5公分，身體周圍的外套膜上有小顆粒及細棘。動物生活於礁岩海岸低潮線至水深3公尺，常見。

分布：日本、台灣、海南島、中國南海沿岸。

文獻：Gosliner 1996:123, fig.420，奧谷喬司 2000:19.

攝於東北角鼻頭角

科名：笠螺科 Patellidae

花笠螺

學名：*Cellana toreuma* (Reeve)

特徵及生態：殼長可達4公分，色彩斑紋變化大，內面有珍珠光澤。動物生活於全省礁岩海岸潮間帶。

分布：日本北海道南部到沖繩、朝鮮半島、台灣、中國沿岸。

文獻：奧谷喬司 2000:25

(註：奧谷喬司將其列入Nacellidae科)。

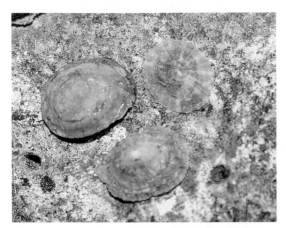

科名：青螺科 Acmaeidae

鴨青螺

學名：*Collisella dorsuosa* (Gould)

特徵及生態：殼長約1.5公分，殼頂近中央，內面淡橙黃色。標本採於蘭嶼潮間帶潮池中，數量豐富。

分布：日本、朝鮮、台灣。

文獻：賴1998:20，奧谷喬司1996:39。

科名：青螺科 Acmaeidae

花邊青螺

學名：*Lottia* sp.

特徵及生態：殼長約2公分，殼上有20多條放射肋，殼上有規則的放射斑。西部海域高潮區岩石上常見。日本亦有廣泛分布。以前用的學名是*Collisella heroldi* (Dunker)，仍待釐清。

分布：日本、台灣。

文獻：吉良1959:9，奧谷喬司1996:39，賴1998:20。

攝於澎湖

科名：青螺科 Acmaeidae

鶬足青螺

學名：*Patelloida saccharina lanx* (Reeve)

特徵及生態：殼長可達3公分。貝殼扁平且呈多角形，具淡色的放射肋，內面呈白色但具有黑褐色斑塊及黑邊。生活於礁岩海岸潮間帶。

分布：日本、朝鮮半島、台灣。

文獻：賴1990:37，奧谷喬司 2000:29。

攝於北海岸

科名：青螺科 Acmaeidae

花青螺

學名：*Notoacmea schrenckii* (Lischke)

特徵及生態：橢圓形，殼長約2公分，殼內面青色，周圍有褐色環帶，背面黑褐色，斑紋變化大。礁岩海岸潮間帶高潮區，特別是消波塊及港口壁上。

分布：日本、韓國、中國、台灣。

文獻：賴1990:37，Abbott and Dance 1998:32。奧谷喬司2000:31，將其放入Lottiidae科，學名*Nipponacmea schrenckii*。

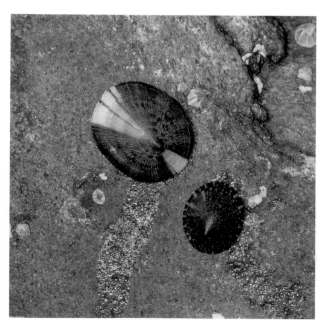

攝於大甲溪口

科名：青螺科 Acmaeidae

射線青螺

學名：*Collisella striata* (Quoy & Gaimard)

特徵及生態：殼長可達4公分，褐色且具有淡的放射紋。動物生活在潮間帶岩石上。

分布：東印度、菲律賓、台灣。

文獻：Abbott and Dance 1998:33，賴1990:37，奧谷喬司 2000:29所用學名為*Patelloida striata*（Quoy & Gaimard）。

鼠眼透孔螺

學名：*Diodora mus* (Reeve)

特徵及生態：殼長多小於2公分，灰白色，殼表有放射狀褐色斑紋及整齊的方格形刻紋，頂端有卵圓形的孔。殼內面灰白色、平滑，周緣有細小刻痕。動物生活在水深2公尺以內礁岩區石塊下。

分布：日本、台灣、熱帶西太平洋，潮間帶到水深20公尺。

文獻：奧谷喬司 2000:53。

螺類

標本採於墾丁南灣水深1公尺潮池中

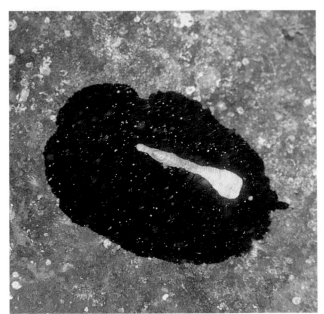

鴨嘴螺

學名：*Scutus unguis* (Linnaeus)

特徵及生態：殼長約3公分，略呈長方形，後端圓凸而前端微凹，外套膜黑色或黑褐色，常將整個身體包住。活動於礁岩海域低潮線至水深3公尺，多貼在石塊下方。

分布：日本以南到澳洲。

文獻：奧谷喬司2000:26，Gosliner1996:125。

註：賴1998:18的*Scutus sinensis* (Blainville)應該是本種。

攝於墾丁南灣

251

攝於東北角澳底

科名：鮑螺科 Haliotidae

九孔螺

學名：*Haliotis aquatilis*
(Reeve)

特徵及生態：殼長可達8公分，6～9個透孔。東部及東北角海岸已大量人工養殖。生活於岩礁及礫石海岸，低潮線至水深5公尺。夜行性，白天躲在岩石下。

分布：日本、韓國、台灣，潮間帶到水深20公尺。

文獻：Abbott and Dance 2000:21。

攝於墾丁南灣

科名：鮑螺科 Haliotidae

驢耳鮑螺

學名：*Haliotis asinina*
Linnaeus

特徵及生態：殼長可達9公分，貝殼較狹長，狀似人耳，大陸稱為耳鮑。生活於礁岩海岸低潮線至水深3公尺。夜行性，白天多躲於岩石下，要翻起石塊才可採獲。數量稀少，墾丁珊瑚礁海域及台灣東北角有記錄。

分布：廣分布於熱帶印度－西太平洋地區。

文獻：奧谷喬司2000:41，
Gosliner 1996:125，
賴1990:35。

綠臍鐘螺

學名：*Trochus chloromphalus* Adams

特徵及生態：殼徑約2～3公分，殼表有顆粒狀細螺肋，殼底有螺肋和紅褐色條紋，臍孔部綠色。

分布：台灣、日本。

文獻：賴1998:22，吉良1989:16。

攝於台東成功

銀塔鐘螺

學名：*Tectus pyramis* (Born)

特徵及生態：殼徑可達7公分，螺塔上部有瘤列，殼底平滑。動物生活於礁岩區低潮線附近。

分布：台灣、日本。

文獻：奧谷喬司2000:63，賴1993:38，吉良 1989:19。

攝於澎湖赤崁

螺類

攝於東北角馬岡

科名：鐘螺科 Trochidae

臍孔黑鐘螺

學名：*Tegula nigerrima* (Gmelin)

特徵及生態：殼徑約2公分，貝殼黑色且有斜行細縱肋，殼底平滑，臍孔深。生活於礁岩海岸低潮線至水深2公尺。

分布：台灣、日本。

文獻：奧谷喬司2000:55 (為 *Omphalius nigerrimus*)，賴1998:22。

標本採於東北角和美

科名：鐘螺科 Trochidae

黑鐘螺

學名：*Chlorostoma lischkei* Tapparone-Canefri

特徵及生態：殼徑可達4公分，貝殼黑色，有斜行顆粒狀縱肋。殼底中央呈綠色，無臍孔。生活於礁岩海岸低潮線至水深2公尺。

分布：台灣、日本。

文獻：賴1989:40，[為*Tegula argyrostoma* (Gmelin)]，Abbott and Dance 1998:42 [為 *Chlorostoma argyrostomum* (Gmelin)]，是否為同物異名，仍待釐清，奧谷喬司2000:54。

扭鐘螺

學名：*Monodonta perplexa*
(Pilsbry)

特徵及生態：殼高可達2公分，貝殼黑色，螺塔低平，體層有弱螺肋，殼底平滑無臍孔，內唇靠殼底有一凹陷，使兩旁呈齒狀，口蓋黃色、角質。活動於礁岩海岸低潮線至水深2公尺。

分布：日本、台灣。

文獻：吉良1989:13，賴1986:15，波部及伊藤1991:12。

螺類

花斑鐘螺

學名：*Trochus maculatus*
Linnaeus

特徵及生態：殼高可達5公分，兩腰略凸，具顆粒狀螺肋。活動於礁岩區潮池中，水深1公尺，常見。

分布：台灣、日本紀伊半島以南到澳洲北部。

文獻：奧谷喬司2000:61，Abbott & Dance 1986:45，吉良1989:18。

攝於墾丁南灣

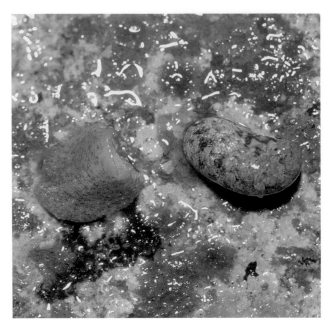

攝於澎湖

科名：鐘螺科 Trochidae

小廣口螺

學名：*Stomatella impertusa* (Burrow)

特徵及生態：殼長可達1.5公分。殼頂小，位於後端右側。體層膨大、平滑。顏色一般是紅棕色或灰綠且具有各式斑紋。後足很容易自割。動物生活於礁岩區低潮線石塊下。

分布：日本、台灣、澳洲及西南太平洋珊瑚礁淺海。

文獻：奧谷喬司 2000:69，Abbott and Dance 1998:44。

科名：鐘螺科 Trochidae

草蓆鐘螺

學名：*Monodonta labio* (Linnaeus)

特徵及生態：殼高約2公分，殼表有小方塊凸起，顏色變化很大，有暗紅、墨綠、黑褐或雜有各色斑。活動在礁岩海岸潮間帶，數量豐富。

分布：日本、台灣。

文獻：賴1990:88，奧谷喬司 2000:67

科名：蠑螺科 Turbinidae

棘冠螺

學名：*Angaria delphinus*
(Linnaeus)

特徵及生態：殼徑可達6公
分，貝殼灰黑色，肩角有大
的突起或棘刺，螺塔低平，
臍孔大，殼上常有藻類及碳
酸鈣沈積，外表像一塊岩
石，有很好的保護色。墾丁
海域、小琉球潮間帶常可發
現。

分布：日本，台灣、菲律
賓、澳洲。

文獻：賴1998:24，Abbott
and Dance 1998:51，奧谷
喬司 2000:91。

註：奧谷喬司(2000)的*A. neglecta*
Poppe & Goto的圖與本種相同，
本種學名有待進一步釐清

科名：蠑螺科 Turbinidae

金口蠑螺

學名：*Turbo chrysostomus*
Linnaeus

特徵及生態：殼表比較粗
糙，螺肋有細顆粒，貝殼
淡黃色有褐色斑，肩角常
有短棘，殼口內金黃色(賴
1988)，殼高約6公分。墾
丁海域低潮線至水深5公
尺，可以見到。

分布：廣分布於印度－太
平洋礁岩淺海。

文獻：賴1990:44，Abbott &
Dance 1998:46， Wilson
1993:106。

攝於南灣

科名：蜑螺科 Neritidae

白肋蜑螺

學名：*Nerita plicata* Linnaeus

特徵及生態：貝殼白色，殼高約2～3公分，螺肋粗，螺塔低小，殼口白色。生活在礁岩海域高潮區岩石，大多夜間活動，啃食礁岩上藻類。常見。

分布：廣分布於印度－太平洋礁岩淺海。

文獻：賴1990:47，Abbott & Dance 1998:54，Wilson 1993:40，奧谷喬司2000:103。

科名：蜑螺科 Neritidae

黑肋蜑螺

學名：*Nerita costata* Gmelin

特徵及生態：殼徑約2公分，貝殼黑色具有粗螺肋。生活於礁岩岸高潮區。常見。

分布：廣布印度－太平洋礁岩淺海。

文獻：賴1990:47，Abbott & Dance 1998:53，Wilson 1993:40，奧谷喬司2000:103。

漁舟蜑螺

學名：*Nerita albicilla*
Linnaeus

特徵及生態：殼徑約2～3公分，殼背螺肋明顯，有黑色或灰色放射斑。全省岩礁海岸可以見到。動物多躲在石塊下，常成群出現。

分布：廣布印度－太平洋礁岩淺海。

文獻：賴1990:46，Abbott & Dance 1998:54，Wilson 1993:40，奧谷喬司 2000:105。

螺類

攝於墾丁南灣

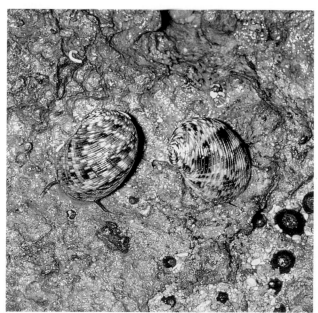

粗紋蜑螺

學名：*Nerita undata*
Linnaeus

特徵及生態：殼高約3公分，貝殼灰黑色，有細螺肋。礁岩海岸高潮區常見，台灣以恒春半島及小琉球較常見。

分布：廣布印度－太平洋礁岩淺海。

文獻：賴1990:46，Abbott & Dance 1998:53，Wilson 1993:41，奧谷喬司 2000:103。

攝於墾丁核三廠出水口

科名：玉黍螺科 Littorinidae

台灣玉黍螺

學名：*Nodilittorina millegrana* (Philippi)

特徵及生態：小型玉黍螺，殼高小於1公分，產於全省礁岩海岸，常見。常與顆粒玉黍螺一起出現。

分布：廣布印度－太平洋礁岩淺海。

文獻：賴1990:49[為 *Granulittorina millegrana* (Philippi)]，Wilson 1993:147，奧谷喬司 2000:141[為*Nodilittorina vidua* (Gould)， Wilson (1993)認為是同種異名]。

科名：玉黍螺科 Littorinidae

粗紋玉黍螺

學名：*Littoraria scabra* (Linnaeus)

特徵及生態：生活於礁岩海岸高潮區，常成群出現，東北角海域數量豐富。

分布：廣布印度－太平洋礁岩淺海。

文獻：賴1990:48，Abbott & Dance 1998:57[為*Littorina scabra* (Linnaeus)]，Wilson 1993:146，奧谷喬司 2000:139。

顆粒玉黍螺

學名：*Nodilittorina pyramidalis* (Quoy & Gaimard)

特徵及生態：殼高約小於1公分，體螺層上常有二列粗顆粒。產於全省礁岩海岸高潮區，數量豐富。

分布：廣布印度－西太平洋礁岩淺海。

文獻：賴1990:49，Wilson 1993:147，奧谷喬司 2000:140[為*Nodilittorina trochoides* (Gray)，Wilson (1993)認為是同種異名]。

螺類

棘黍螺

學名：*Echininus cumingii spinulosus* (Philippi)

特徵及生態：生活於珊瑚礁海域高潮區以上的岩石上，雨後常大量出現在岩石上，白天多躲在岩縫中。

分布：廣布西太平洋礁岩區。

文獻：賴1986:29，奧谷喬司 2000:139。

標本採於蘭嶼

科名：玉黍螺科(濱螺科) Littorinidae

金塔玉黍螺

學名：*Tectarius coronatus* Valenciennes

特徵及生態：殼高可達3公分，殼上有橫向及縱向的粗顆粒，呈短棘狀。殼面淡棕色，縫合線下方有一條明顯褐色環帶。口蓋角質，褐色。內唇有數條和體螺層線平行的橫走肋。活動於潮間帶高潮區的礁岩上。稀少。

分布：日本、台灣、南亞、菲律賓。

文獻：賴1986:17，奧谷喬司 2000:139，Abbott & Dance 1998:58。

動物採於墾丁珊瑚礁海域水深2～5公尺

科名：鳳凰螺科 Strombidae

蜘蛛螺

學名：*Lambis lambis* (Linnaeus)

特徵及生態：殼長可達15公分以上，殼背上有大突瘤，外唇上有長棘。少見。生活魚礁岩區水深1～3公尺。

分布：熱帶西太平洋廣分布種。

文獻：賴1990:57，奧谷喬司 2000:187，Abbott & Dance 1998:81。

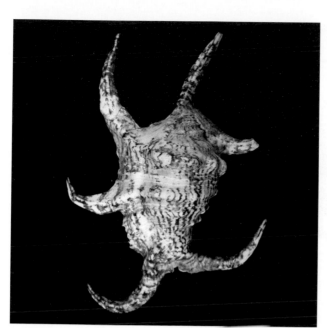

水字螺

學名：*Lambis chiragra*
(Linnaeus)

特徵及生態：殼長可達20公分以上，殼背上有大突瘤及褐色斑紋，有6根長且彎的棘。少見。

分布：熱帶印度洋到西太平洋廣分布種。

文獻：賴1990:58，奧谷喬司 2000:187，Abbott & Dance 1998:82。

螺類

動物採於墾丁珊瑚礁海域水深5～15公尺

蠍螺

學名：*Lambis scorpius*
(Linnaeus)

特徵及生態：殼長可達15公分，殼背上有突瘤及褐色斑紋，殼口的內外唇密布有深褐色的細條紋，外唇有7根長且彎的棘。恒春珊瑚礁海域水深5～15公尺有記錄，少見，東北角岩礁海岸亦有產。

分布：熱帶印度洋到西太平洋廣分布種。

文獻：賴1990:57，奧谷喬司 2000:187，Abbott & Dance 1998:81。

動物採於墾丁珊瑚礁海域水深5～15公尺

動物採於墾丁多沙的珊瑚礁海域，水深1～5公尺

科名：鳳凰螺科 Strombidae

紅嬌鳳凰螺

學名：*Strombus luhuanus* Linnaeus

特徵及生態：殼高可達5公分，螺塔低，殼背有黑色罐狀斑，殼口粉紅色，內唇口黑色。生活於礁岩海域1～5公尺，少見。

分布：熱帶太平洋廣分布種。

文獻：賴1990:56，奧谷喬司 2000:183，Abbott & Dance 1998:80。

科名：寶螺科 Cypraeidae

黑星寶螺

學名：*Cypraea tigris* Linnaeus

特徵及生態：大型寶螺，殼長可達8公分，貝殼淡金黃色，上面布有許多黑褐色斑。活動於岩礁海域低潮線至水深3公尺，近年來數量已減少很多。

分布：熱帶西太平洋廣分布種。

文獻：賴1990:59，奧谷喬司 2000:225，Abbott & Dance 1998:97。

標本採於珊瑚礁海域低潮線潮池中

龜甲寶螺

學名：*Cypraea mauritiana*
Linnaeus

特徵及生態：殼長可達7公
分，周緣及腹面黑褐色，
背部紅棕色且具有金銀色
斑塊。

分布：熱帶西太平洋廣分
布種。

文獻：賴1990:59，奧谷喬
司 2000:225，Abbott &
Dance 1998:97。

螺類

標本採於珊瑚礁區水深1公尺

酒桶寶螺

學名：*Cypraea talpa*
Linnaeus

特徵及生態：殼長可達7公
分，殼形略長，殼背有3到
4條橫帶，殼緣及腹面黑褐
色。數量不多。

分布：熱帶西太平洋廣分
布種。

文獻：賴1990:60，奧谷喬
司 2000:229，Abbott &
Dance 1998:96。

黃寶螺（貨幣寶螺）

學名：*Cypraea moneta*
Linnaeus

特徵及生態：殼長可達3公分，貝殼黃色或淡黃色，殼表凹凸不平，殼中間常有淺綠色橫帶。生活於岩礁海岸低潮線附近至水深1公尺，數量豐富。

分布：熱帶印度－太平洋廣分布種。

文獻：賴1990:64，奧谷喬司 2000:239，Abbott & Dance 1998:87。

金環寶螺

學名：*Cypraea annulus*
Linnaeus

特徵及生態：殼長約3公分，背面灰色或灰黃色，常有一圈金黃色環帶。活動於礁岩海岸潮間帶，數量豐富。

分布：熱帶印度－太平洋廣分布種。

文獻：賴1990:64，奧谷喬司 2000:239，Abbott & Dance 1998:87。

台灣礁岩海岸地圖

白星寶螺

學名：*Cypraea vitellus* Linnaeus

特徵及生態：中型寶螺。殼長5～6公分，背面褐色到淡褐色，有大小的白色斑點。活動於礁岩海岸低潮線至水深3公尺，數量不多。

分布：熱帶印度－太平洋廣分布種。

文獻：賴1990:61，奧谷喬司 2000:227，Abbott & Dance 1998:97。

螺類

雪山寶螺

學名：*Cypraea caputserpentis* Linnaeus

特徵及生態：殼長約3公分，殼緣及底部呈棕咖啡色，兩端顏色淡，殼背中央區密布大小不等的白色斑塊及斑點。活動於岩礁海岸潮間帶。常見。

分布：熱帶印度－太平洋廣分布種。

文獻：賴1990:63，奧谷喬司 2000:239，Abbott & Dance 1998:86。

紅花寶螺

學名：*Cypraea helvola*
Linnaeus

特徵及生態：殼長約2公分，貝殼紅棕或紫紅色且具有白色斑點。夜行性，全省礁岩海岸潮間帶至水深2公尺均有分布。沙灘上常可撿到空殼，活體較不容易發現，多躲藏在岩石下方。

分布：熱帶印度－太平洋廣分布種。

文獻：賴1990:65，奧谷喬司 2000:239，Abbott & Dance 1998:86。

地圖寶螺

學名：*Cypraea mappa*
Linnaeus

特徵及生態：殼長可達7公分，貝殼乳黃色且密佈縱走的細褐線，並有一道河流狀雲斑。活動於水深2～7公尺的岩礁海域。稀有。

分布：熱帶印度－太平洋廣分布種。

文獻：賴1990:60，奧谷喬司 2000:225，Abbott & Dance 1998:96。

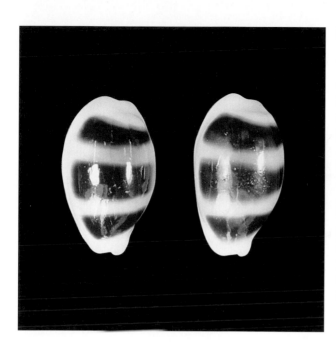

浮標寶螺

學名：*Cypraea asellus*
Linnaeus

特徵及生態：小型寶螺。殼長約1.5公分，殼背上有三道棕色斑。活動於岩礁海岸低潮線至水深2公尺處。活貝爲夜行性，少見，常躲在岩石下方，沙灘上常可撿拾到空殼。

分布：熱帶印度－太平洋廣分布種。

文獻：賴1998:41，奧谷喬司 2000:233，Abbott & Dance 1998:90。

螺類

疙瘩寶螺

學名：*Cypraea nucleus*
Linnaeus

特徵及生態：殼長約2公分，殼表有許多大小不等的凸起瘤，殼底有許多橫肋。活動於礁岩海岸低潮線附近。活貝少見，空殼偶被沖到岸上。

分布：熱帶印度－太平洋廣分布種。

文獻：賴1990:65，奧谷喬司 2000:241，Abbott & Dance 1998:85。

科名：寶螺科 Cypraeidae

花鹿寶螺

學名：*Cypraea cribraria* Linnaeus

特徵及生態：殼長可達3公分，殼背棕色且有大小不等白色斑，殼緣白色。活動於多沙的岩礁區低潮線附近。少見。

分布：熱帶印度－西太平洋廣分布種。

文獻：賴1998:38，奧谷喬司 2000:235，Abbott & Dance 1998:93。

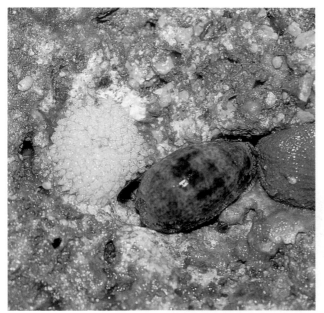

科名：寶螺科 Cypraeidae

愛龍寶螺

學名：*Cypraea errones* Linnaeus

特徵及生態：殼長可達3公分，略修長，殼背成灰綠到棕綠色，有不規則的深褐色斑點或斑塊。卵塊黃色。多為夜行性。活動於潮間區石塊下方

分布：熱帶印度－西太平洋廣分布種。

文獻：賴1990:64，奧谷喬司 2000:231，Abbott & Dance 1998:89。

阿拉伯寶螺

學名：*Cypraea arabica*
Linnaeus

特徵及生態：較常見的中型寶螺。殼長可達7公分，殼面密布有深褐色縱走細紋。活動於岩礁海岸低潮線附近。

分布：熱帶印度－西太平洋廣分布種。

文獻：賴1990:61，Wilson 1993:184，Abbott & Dance 1998:97。

螺類

紫口寶螺

學名：*Cypraea carneola*
Linnaeus

特徵及生態：殼長約4公分，殼背淡棕色且有數道較深的橫帶，殼口齒列呈紫色。活貝不常見，夜行性，白天貼於石塊底部。活動於低潮線附近至水深2公尺岩礁區。

分布：熱帶印度－太平洋廣分布種。

文獻：賴1990:62，Wilson 1993:183，Abbott & Dance 1998:98。

攝於萬里桐

科名：寶螺科 Cypraeidae

銀絲寶螺

學名：*Cypraea clandestina* Linnaeus

特徵及生態：殼長約2公分，殼背有淡褐色細線橫走或斜走。活動於低潮線至水深2公尺處藻類下方，需撥除藻類才易發現。不常見。

分布：熱帶印度－太平洋廣分布種。

文獻：賴1998:39，Wilson 1993:188，Abbott & Dance 1998:91，奧谷喬司 2000:233。

科名：寶螺科 Cypraeidae

黑痣寶螺

學名：*Cypraea teres* Gmelin

特徵及生態：殼長約2.5公分，殼背灰色而有不規則雲狀褐斑，殼緣兩側有黑褐色斑點。活貝少見，岸上偶見拾獲空殼。活動於礁岩海域低潮線至水深3公尺。不常見。

分布：熱帶印度－太平洋廣分布種。

文獻：賴1998:40，Wilson 1993:177，Abbott & Dance 1998:93，奧谷喬司 2000:235。

山貓寶螺

學名：*Cypraea lynx* Linnaeus

特徵及生態：殼長可達6公分，殼背棕色而有暗褐色斑點，有些斑點較大，殼緣亦有大黑褐色斑點。活貝少見，岸邊偶可拾獲空殼。活動於岩礁海岸低潮線至水深3公尺處，數量不多。

分布：熱帶印度－西太平洋廣分布種。

文獻：賴1990:61，Wilson 1993:183，Abbott & Dance 1998:97，奧谷喬司 2000:227。

腰斑寶螺

學名：*Cypraea erosa* Linnaeus

特徵及生態：殼長可達4公分，殼背淡棕色且有白色細斑點，殼兩側之中間部分常有一個褐色斑塊或斑帶，少數則無。多活動於低潮線附近至水深2公尺的岩礁海岸。常見。

分布：熱帶印度－西太平洋廣分布種。

文獻：賴1990:63，Wilson 1993:180， Abbott & Dance 1998:86，奧谷喬司2000:237。

螺類

科名：寶螺科 Cypraeidae

梨皮寶螺

學名：*Cypraea flaveola* Linnaeus

特徵及生態：殼長約3公分，殼背褐色且具有大小不等的白點，殼緣有褐色斑點，二端有較大的斑塊。活動於岩礁海岸低潮線至水深2公尺的石塊下方。夜行性，白天吸附在石塊下方。數量已不多。

分布：熱帶印度－西太平洋廣分布種。

文獻：Wilson 1993:180，賴 1998:42， Abbott & Dance 1998:86，奧谷喬司 2000:239 [同物異名*Cypraea labrolineata* Gaskoin]。

科名：寶螺科 Cypraeidae

百眼寶螺

學名：*Cypraea argus* Linnaeus

特徵及生態：殼長可達8公分，貝殼略長，殼背淡褐色且有許多圓圈狀斑。活動於礁岩區淺海。活貝少見，活動水深不詳，偶爾可在岸上發現空殼。

分布：熱帶印度－西太平洋廣分布種。

文獻：Wilson 1993:183，賴 1990:60，Abbott & Dance 1998:96，奧谷喬司 2000:229。

雨絲寶螺

學名：*Cypraea isabella*
Linnaeus

特徵及生態：殼長約4公分，殼背淡棕色且有斷斷續續的細縱紋，兩端顏色為較深的深褐色或深棕色，外套膜為黑色。活動於礁岩海岸水深1～2公尺，偶爾可見。

分布：熱帶印度－西太平洋廣分布種。

文獻：Wilson 1993:182，賴 1987:17， Abbott & Dance 1998:95，奧谷喬司 2000:229。

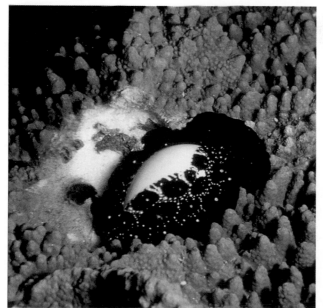

海兔螺

學名：*Ovula ovum*(Linnaeus)

特徵及生態：外套膜黑色，上面有黃色及白色斑點，非常顯眼。活動於礁岩海岸水深2～10公尺，以軟珊瑚為食。可能是被潛水人員過度採補，目前已不多見。

分布：熱帶印度－西太平洋廣分布種。

文獻：賴1990:67，Wilson 1993:202，Abbott & Dance 1998:99，奧谷喬司 2000:219。

（蘇焉攝）

科名：海兔螺科 Ovulidae

紫口海兔螺

學名：*Ovula costellata* Lamarck

特徵及生態：殼長4～5公分，殼口內呈紫色。活動於礁岩海域水深2～10公尺，成體外套膜呈棕色，以軟珊瑚為食。少見。

分布：熱帶印度－太平洋廣分布種。

文獻：賴1998:45，Wilson 1993:202，Abbott & Dance 1998:99，奧谷喬司 2000:219。

（蘇焉攝）

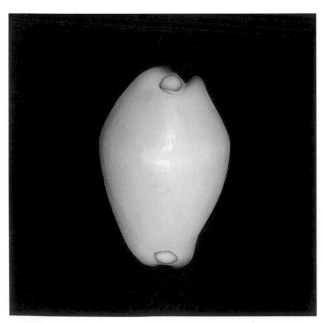

科名：海兔螺科 Ovulidae

玉兔螺

學名：*Calpurnus verrucosus* (Linnaeus)

特徵及生態：殼長約2～3公分，殼表白色，前後兩端略呈紫色並各有一白色凸起瘤，殼口有一齒列。動物於礁岩海岸水深2～10公尺，以軟珊瑚為食。

分布：熱帶印度－西太平洋廣分布種。

文獻：賴1998:45，Wilson 1993:199，Abbott & Dance 1998:99，奧谷喬司 2000:219。

科名：玉螺科 Naticidae

花帶玉螺

學名：*Polinices simiae*
(Deshayes)

特徵及生態：殼長約2.5公
分。活動於珊瑚礁海域沙
地上，水深2公尺。活貝少
見，偶可拾獲空殼。

分布：熱帶印度－西太平
洋廣分布種。

文獻：賴1998:55，Wilson
1993:221，奧谷喬司
2000:257。

標本採於礁岩海域水深2公尺的沙地上

科名：玉螺科 Naticidae

波形玉螺

學名：*Sinum incisum
undulatum* (Reeve)

特徵及生態：殼長可達2公
分，活動於礁岩海域水深2
～10公尺，活貝少見，夜
行性，白天多躲至石塊之
下，浮潛時偶可尋獲空
殼。少見。

分布：熱帶印度－西太平
洋廣分布種。

文獻：賴1998:56，

奧谷喬司2000:259 [*Sinum
undulatum* (Lischke)為同物
異名]，Wilson 1993:222。

科名：玉螺科 Naticidae

臍孔白玉螺

學名：*Polinices flemingianus*
(Recluz)

特徵及生態：殼長可達5公
分。活動於礁岩海域水深1
～5公尺沙地上，浮潛時偶
可發現。口蓋角質，外緣
有一彎曲的黑色帶。

分布：熱帶印度－西太平
洋廣分布種。

文獻：賴1998:54，奧谷喬
司 2000:253。

科名：玉螺科 Naticidae

花玉螺

學名：*Natica euzona* (Recluz)

特徵及生態：殼長約2公
分。活動於礁岩海域水深2
～4公尺沙地上。少見。

分布：印度－西太平洋廣
分布種。

文獻： Abbott & Dance
1998:108， Wilson
1993:215。

唐冠螺

學名：*Cassis cornuta*
(Linnaeus)

特徵及生態：殼高可達25
公分，殼上常有碳酸鈣沈
澱。活動於礁岩海域沙地
上，水深10～15公尺。由
於被潛水者大肆採捕，近
年來數量已銳減。

分布：熱帶印度－西太平
洋廣分布種。

文獻：賴1990:68，Abbott &
Dance 1998:110，奧谷喬司
2000:279。

螺類

攝於墾丁南灣

鶉螺

學名：*Tonna perdix* (Linnaeus)

特徵及生態：殼長可達8公
分。活動於岩礁海域水深2
～5公尺。會捕食糙刺參，
但數量已相當稀少。

分布：熱帶印度－太平洋
廣分布種。

文獻：賴1990:70，Abbott &
Dance 1998:118，奧谷喬司
2000:281。

科名：法螺科 Ranellidae

豔紅美法螺

學名：*Cymatium rubeculum*
(Linnaeus)

特徵及生態：殼長可達4公分。活動於礁岩海域低潮線至水身5公尺多沙之礁岩區。活貝少見，浮潛時偶可拾獲空殼，寄居蟹也常利用此種空殼。

分布：熱帶印度－太平洋廣分布種。

文獻：賴1990:79，Wilson 1993:248，Abbott & Dance 1998:123，奧谷喬司 2000:289。

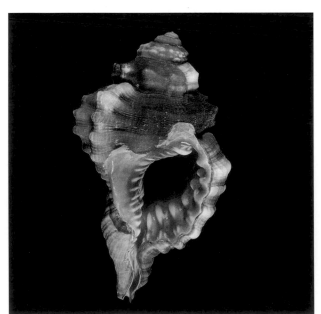

科名：法螺科 Ranellidae

大象法螺

學名：*Cymatium pyrum*
(Linnaeus)

特徵及生態：殼長可達10公分。活動於礁岩海域水深5～10公尺多沙的礁岩區，浮潛時偶可採獲。

分布：熱帶印度－西太平洋廣分布種。

文獻：賴1990:74，Wilson 1993:247，Abbott & Dance 1998:123，奧谷喬司 2000:291。

毛法螺

學名：*Cymatium pileare*
(Linnaeus)

特徵及生態：殼長可達6公
分。活動於多沙的礁岩海
域，水深3～8公尺。少
見。

分布：熱帶印度－太平洋
廣分布種。

文獻：賴1990:78，Wilson
1993:246，Abbott & Dance
1998:120，奧谷喬司
2000:287。

螺類

科名：法螺科 Ranellidae

金色美法螺

學名：*Cymatium
hepaticum*(Roding)

特徵及生態：殼長約4公
分。活動於多沙的礁岩海
域，水深3～6公尺，少
見，浮潛時偶可拾獲空
殼。

分布：熱帶印度－太平洋
廣分布種。

文獻：賴1990:79，Wilson
1993:247，Abbott & Dance
1998:123，奧谷喬司
2000:289。

大法螺

學名：*Charonia tritonis* (Linnaeus)

特徵及生態：殼長可達40公分。動物生活於珊瑚礁的岩礁海域，嗜食海星，是破壞珊瑚礁最嚴重的棘冠海星的天敵。由於潛水者大量採捕，加上原本數量就很少，已非常少見。

分布：熱帶印度－太平洋廣分布種。

文獻：賴1990:73，Wilson 1993:243，Abbott & Dance 1998:119，奧谷喬司 2000:291。

大白蛙螺

學名：*Tutufa bubo* (Linnaeus)

特徵及生態：殼長可達15公分，殼上常有厚碳酸鈣沈澱。活動於礁岩上水深5～10公尺。

分布：熱帶印度－太平洋廣分布種。

文獻：賴1990:83，Wilson 1993:228，Abbott & Dance 1998:127，奧谷喬司 2000:271。

黑口蛙螺

學名：*Bursa lamarckii*
(Deshayes)

特徵及生態：殼長可達5公
分，殼上常有厚厚的碳酸
鈣沈澱。活動於礁岩區水
深1～3公尺。

分布：熱帶印度－太平洋
廣分布種。

文獻：賴1990:81，Wilson
1993:227，Abbott & Dance
1998:129，奧谷喬司
2000:269。

螺類

果粒蛙螺

學名：*Bursa granularis*
(Roding)

特徵及生態：殼長可達5公
分，貝殼褐色，背腹面均
有橫列的小瘤。活動於岩
礁海域低潮線附近至水深2
公尺礁岩上。

分布：熱帶印度－西太平
洋廣分布種。

文獻：賴1990:83，Wilson
1993:226，Abbott & Dance
1998:127，奧谷喬司
2000:269。

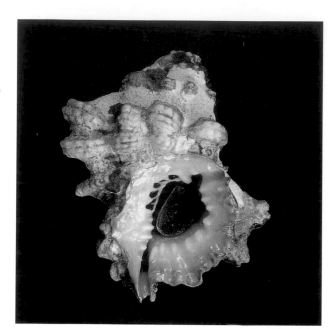

科名：蛙螺科 Bursidae

血跡蛙螺

學名：*Bursa cruentata* (Sowerby)

特徵及生態：殼長可達4公分。生活於岩礁海域低潮線至水深3公尺。少見。

分布：熱帶印度－西太平洋廣分布種。

文獻：賴1990:83，Wilson 1993:226，Abbott & Dance 1998:129，奧谷喬司 2000:269。

動物採於墾丁珊瑚礁海域低潮線至水深2公尺岩礁上

科名：蛙螺科 Bursidae

蟾蜍蛙螺

學名：*Bursa bufonia*(Gmelin)

特徵及生態：殼長可達7公分，殼上常有碳酸鈣沈積。

分布：熱帶印度－西太平洋廣分布種。

文獻：賴1990:82，Wilson 1993:226，Abbott & Dance 1998:128，奧谷喬司 2000:269。

突瘤蛙螺

學名： *Bursa tuberosissima*
(Reeve)

特徵及生態： 殼長約4～5公分，殼背上有碳酸鈣沈積，形成良好的偽裝。動物生活於岩礁海域低潮線至水深2公尺礁石上。

分布： 熱帶印度－西太平洋廣分布種。

文獻： 賴1990:83，奧谷喬司2000:269。

褐口蛙螺

學名： *Bursa rhodostoma*
(Sowerby)

特徵及生態： 殼長約3公分，殼口多呈紅色，殼上常有厚厚的碳酸鈣沈積。動物生活於礁岩海域低潮線至水深2公尺岩礁上。少見。

分布： 印度－西太平洋區的中部。

文獻： 賴1998:67，Wilson 1993:227，Abbott & Dance 1998:128，奧谷喬司2000:269。

螺類

科名：骨螺科 Muricidae

白結螺

學名 : *Drupella cornus* (Roeding)

特徵及生態：殼長約3公分。以珊瑚組織爲食。活動於礁岩區低潮線至水深1公尺。常見。

分布：印度－西太平洋廣分布種。

文獻：賴1990:94，Wilson 1994:42。

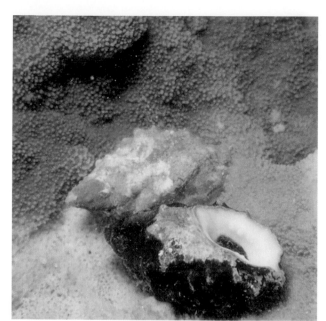

科名：骨螺科 Muricidae

粗肋結螺

學名 : *Cronia contracta* (Reeve)

特徵及生態：殼長可達3公分。動物採於礁岩海域低潮線多沙附近的石塊下。澎湖石滬區石塊之下常發現。

分布：印度－西太平洋廣分布種。

文獻 : 賴1990:95[爲 *Ergalatax contractus* (Reeve)]，Wilson 1994: 22。

草莓結螺

學名：*Morula uva* (Roeding)

特徵及生態：殼長約1.5到2公分，殼白色，有成列的果粒瘤。動物生活於礁岩區低潮線至水深2公尺。

分布：印度－西太平洋廣分布種。

文獻：賴1998:68，Wilson 1994:44，Abbott & Dance 1998:148。

螺類

大岩螺

學名：*Thais armigera* (Link)

特徵及生態：殼長可達7公分，殼上常有厚厚的碳酸鈣沉澱。活動於礁岩海域低潮線至水深1公尺岩礁上，近年來數量已逐漸減少。

分布：印度－西太平洋廣分布種。

文獻：賴1998:70，Wilson 1994:48，Abbott & Dance 1998:148。

科名：骨螺科 Muricidae

金絲岩螺

學名：*Thais alouina* Roeding

特徵及生態：殼長可達5公分。活動於水深3～4公尺的岩礁上。少見。

分布：印度－西太平洋廣分布種。

文獻： Wilson 1994:48，賴1998:73，Abbott & Dance 1998:148 [同物異名 *Thais mancinella* (Linnaeus)]。

科名：骨螺科 Muricidae

紫口岩螺

學名：*Drupa morum* Roeding

特徵及生態：殼長可達4公分，殼背上有短鈍棘，殼口紫色且有大齒列。活動於低潮區礁岩上。墾丁海域常見。

分布：印度－西太平洋廣分布種。

文獻：賴1990:92，Wilson 1994:41，Abbott & Dance 1998:150。

科名：骨螺科 Muricidae

角岩螺

學名：*Thais tuberosa* Roeding

特徵及生態：殼長可達6公分，鈍棘發達。活動於低潮線岩礁上。墾丁海域常見。

分布：印度－西太平洋廣分布種。

文獻：賴1990:92，Wilson 1994:48，Abbott & Dance 1998:147。

金口岩螺

學名：*Drupina grossularia* (Roeding)

特徵及生態：殼長可達4公分，殼口黃色，有7個大齒，後水管溝較前水管溝長。殼背上常有碳酸鈣沈積及藻類附生，形成很好的偽裝。活動於低潮區岩礁上。

分布：印度－西太平洋廣分布種。

文獻：賴1998:74，Wilson 1994:42，Abbott & Dance 1998:150。

玫瑰岩螺

學名：*Drupa rubusidaeus* Roeding

特徵及生態：殼口粉紅色，殼高約5公分，殼口緣有果粒。殼背有碳酸鈣沈積，形成保護色。生活於珊瑚礁海域低潮線至水深2公尺岩壁上。墾丁海域、小琉球、蘭嶼及綠島可以見到。

分布：印度－西太平洋廣分布種。

文獻：賴1990:92，Wilson 1994:41，Abbott & Dance 1998:151。

螺類

科名：骨螺科 Muricidae

黑千手螺

學名：*Chicoreus brunneus*
(Link)

特徵及生態：殼長6～8公分，殼口緣粉紅色，殼口內白色，貝殼黑褐色具有棘刺。東北角、台東、墾丁海域、澎湖、小琉球、蘭嶼及綠島的岩礁海域的低潮線至水深5公尺可以見到。

分布：印度－西太平洋廣分布種。

文獻：賴1990:89，Wilson 1994:27，Abbott & Dance 1998:137。

科名：骨螺科 Muricidae

黃齒岩螺

學名：*Drupa ricinus*
(Linnaeus)

特徵及生態：殼長約2.5～3公分，殼上有黑色短棘，外唇有較長棘。殼背上有碳酸鈣沈積，形成保護色。生活於岩礁海域，特別是珊瑚礁，由低潮線至水深2公尺，常緊貼於岩壁上。

分布：印度－西太平洋廣分布種。

文獻：賴1990:94，Wilson 1994:41，Abbott & Dance 1998:150。

攝於墾丁南灣

科名：骨螺科 Muricidae

稜結螺

學名：*Cronia margariticola* (Broderip)

生態及特徵：殼長約2.5公分，殼上有細橫肋及粗縱肋，顏色變化大，常有黑色或白色橫帶。多活動於低潮區或潮池的石塊下。常見種。

分布：西太平洋廣分布種。

文獻：賴1990:95，Wilson 1994:22，Springsteen & Leobrera 1986:144。

科名：骨螺科 Muricidae

結螺

學名：*Morula granulata* (Duclos)

特徵及生態：殼長多在2公分以下，殼上有規則的橫走及縱走灰黑色結瘤，外唇有數個白齒。活動於潮間帶礁岩上。常見。

分布：西太平洋廣分布種。

文獻：賴1990:95，Wilson 1994:22，Springsteen & Leobrera 1986:144。

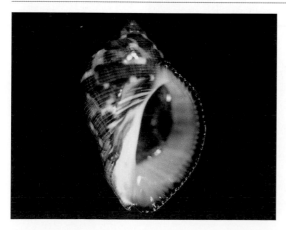

科名：骨螺科 Muricidae

羅螺

學名：*Purpura panama* (Roeding)

特徵及生態：殼長可達6公分，殼口大，殼背上常有黑白相間的環帶。活動於水深1～3公尺的礁岩上，近年來，數量有減少的趨勢。

分布：東印度到菲律濱。

文獻：賴1990:96，Springsteen & Leobrera 1986:148，Abbott and Dance 1998:146。

科名：骨螺科 Muricidae

鏈結螺

學名：*Drupella concatenata* (Lamarck)

特徵及生態：殼長約3公分，殼表有縱走的瘤狀螺肋，肋間有細環紋，殼口內外唇均有小齒列。活動於低潮區潮池中的岩塊下方。常見。

分布：印度－西太平洋廣分布種。

文獻：賴1998:68 [*Drupella concatenata* (Lamarck)為同物異名]，Springsteen & Leobrera 1986:142，Wilson 1994:42。

科名：骨螺科 Muricidae

橄欖螺

學名：*Nassa serta* (Brugiere)

特徵及生態：殼長可達6公分。殼背呈鈍褐色，偶有白色斑塊，殼口大，外唇緣顏色深。活動於低潮區至水深3公尺礁岩上。少見。

分布：西太平洋廣分布種

文獻：賴1990:96，Springsteen & Leobrera 1986:146，Wilson 1994:42

科名：珊瑚螺科 Coralliophilidae
（延管螺科Magilidae）

粗皮珊瑚螺

學名：*Coralliophila bulbiformis* Conrad

特徵及生態：貝殼卵球形，體層圓膨，表面有突起的細密螺肋及粗縱肋，殼口爲紫或粉紅色,有臍孔。殼上常附生許多藻類，形成相當好的僞裝。活動在水深1公尺左右的珊瑚礁區。

分布：印度－西太平洋廣分布種。

文獻：賴1990:98，Wilson 1994:16。

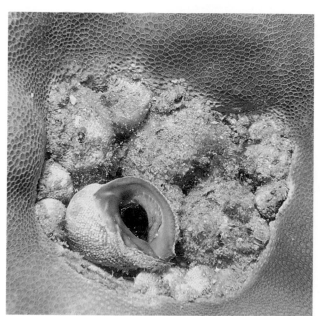

科名：珊瑚螺科 Coralliophilidae

紫口珊瑚螺

學名：*Coralliophila neritoidea* (Lamarck)

特徵及生態：貝殼卵圓形，表面粗糙有細螺肋，但常被石灰質覆蓋，螺塔低小，更顯得紫色殼口及體層膨大。口蓋爲棕黑色，鈣質。多生活在鐘形微孔珊瑚上(*Porites lutea*)，很少移動，是一種對寄主專一性很強的螺類。

分布：印度－西太平洋廣分布種。

文獻：賴1990:98，Springsteen & Leobrera 1986:163，Wilson 1994:18。

拉氏薄殼螺

學名：*Leptoconchus lamarchii* (Deshayes)

特徵及生態：殼白色，近菱形，殼薄，略透明，殼口橢圓形，但有些個體為尖長的，殼表無明顯的螺肋及生長紋。是一種穿孔貝類，生活在團塊狀珊瑚的骨骼中。與生活習性及棲所完全相同的穿孔貝薄殼線紋螺*L. striatus*很可能是同種異名。

分布：日本、台灣、東南亞

文獻：奧谷喬司 2000:420，波部1989:54。

唇珊瑚螺

學名：*Quoyula madreporarum* (Sowerby)

特徵及生態：灰白色，螺塔非常小，體層膨大呈半圓形。表面有細密的生長紋但常被石灰質覆蓋。紫色殼口非常大，佔體層的3/4，外唇為不平滑的弧形，內唇為長條片狀。口蓋紫紅色，角質，狹長。生活在活的巨枝鹿角珊瑚上(*Pocillopora eydouxi*)，很少移動，與紫口珊瑚螺相似，是一種對寄主專一性很強的螺類。

分布：印度－西太平洋廣分布種。

文獻：Abbott & Dance 1986:156，Wilson 1994:20。

珊瑚螺

學名：*Coralliophila* sp.

特徵及生態：殼長多小於1.5公分，內、外唇下緣多呈紫紅色，活貝多寄生於萼柱珊瑚 [*Stylophora pistillata* (Esper)]上。殼口較唇珊瑚螺小，螺塔亦較高；體螺層比紫口珊瑚螺小許多。常見於台灣東北角海域。

洋蔥螺

學名：*Rapa rapa* (Linnaeus)

特徵及生態：殼白色，球形，螺塔低小，體層非常膨大，表面有環狀螺肋及鱗片突起，內唇的滑層將臍孔遮蓋，外唇薄，中央至殼底邊緣有棘刺突起。前溝寬大且明顯。生活在礁岩3～10公尺的淺海，棲習軟珊瑚上，啃蝕一個大洞。在台灣主要產於恆春珊瑚礁海域，數量稀少。

分布：印度－西太平洋廣分布種。

文獻：Abbott & Dance 1986:157，Wilson 1994:20。

螺類

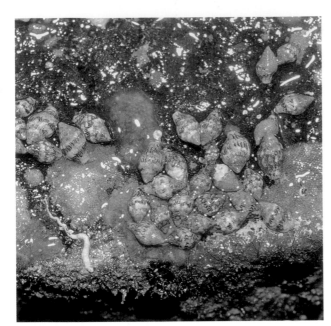

科名：麥螺科 Columbellidae

花麥螺

學名：*Pyrene scripta* (Lamarck)

特徵及生態：殼長多小於1公分，有黑褐色和淡褐色不規則斜走紋，顏色變化大。動物常群聚至礁岩區石塊下，低潮區至水深2公尺常見。台灣北部、東北角、澎湖較常見。

分布：印度－西太平洋廣分布種。

文獻：賴1990:99 [*Columbella versicolor* (Sowerby)為同種異名]，Wilson 1994:107。

科名：麥螺科 Columbellidae

麥螺

學名：*Pyrene testudinaria* (Link)

特徵及生態：殼長多小於1.5公分，紅褐色或黑褐色，且有黃白斑點形成網目狀花紋。生活於礁岩海岸低潮區至水深2公尺。常見。

分布：印度－西太平洋廣分布種。

文獻：賴1990:99，Wilson 1994:107。

科名：峨螺科 Buccinidae

細斑峨螺

學名：*Engina resta* (Iredale)

特徵及生態：殼長約1公分，縱走肋較粗大，細橫螺肋亦相當明顯，殼上具黑色細點狀橫走斑線。生活於低潮區岩石下。少見。

分布：澳洲、台灣。

文獻：Wilson 1994:94。

攝於墾丁萬里桐

科名：峨螺科 Buccinidae

火焰峨螺

學名：*Pisania ignea* (Gmelin)

特徵及生態：殼高約3.5公分，褐色，體螺層常有一道淡斑。台灣北海岸、墾丁及東海岸潮間帶均有記錄。

分布：印度－西太平洋廣分布種。

文獻：Wilson 1994:96。

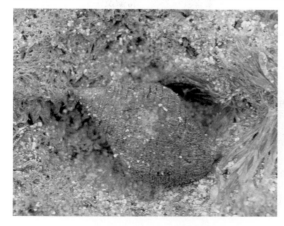

科名：峨螺科 Buccinidae

粗紋峨螺

學名：*Cantharus undosus* (Linnaeus)

特徵及生態：殼長約3公分，殼皮發達且呈絨毛狀，深褐色螺肋明顯，縱肋較不明顯。生活於全省礁岩海岸的中低潮間帶礁岩上。常見種。

分布：印度－西太平洋廣分布種。

文獻：賴1990:101，Wilson 1994:91。

焦黃峨螺

學名：*Cantharus fumosus* (Dillwyn)

特徵及生態：殼長約2.5公分，比粗紋峨螺略小且窄，粗螺肋較明顯。生活於礁岩區多沙的石塊下，或是泥沙區的岩塊下。澎湖產量較多。

分布：印度－西太平洋廣分布種。

文獻：賴1990:101，Wilson 1994:90。

攝於澎湖後寮

豔美峨螺

學名：*Cantharus pulcher* (Reeve)

特徵及生態：殼長約2～3公分，橙紅色，螺肋和縱肋呈規則的橫列及縱列。活貝少見，浮潛時偶可拾獲空殼。生活於礁岩區水深1~2公尺，稀有種。

分布：印度－西太平洋廣分布種。

文獻：賴1998:79，Wilson 1994:90。

攝於墾丁萬里桐

褐線峨螺

學名：*Buccinulum cingulatum* (Reeve)

特徵及生態：殼長2～3公分，褐棕色，有深褐色細螺線。生活於礁岩海域潮間帶中潮區岩縫中及岩石下。澎湖礁岩區十分常見。

分布：日本、台灣。

文獻：賴1998:79。

攝於澎湖赤崁

台灣礁岩海岸地圖

攝於墾丁南灣

科名：峨螺科 Buccinidae

斑馬峨螺

學名：*Engina mendicaria* (Linnaeus)

特徵及生態：殼長1～1.5公分，殼黑色而且有黃色或白色橫帶。生活於礁岩海岸潮間帶中潮區，十分常見。

分布：印度－西太平洋廣分布種。

文獻：賴1990:101，Wilson 1994:94。

攝於蘭嶼開元港

科名：旋螺科 Fasciolariidae

黑紋塔旋螺

學名：*Latirus turritus* (Gmelin)

特徵及生態：殼長約4公分，螺塔高，殼上布滿黑褐色環紋，殼上有粗縱肋。生活於礁岩海岸低潮線至水深2公尺，偶爾可見。

分布：熱帶印度－西太平洋廣分布種。

文獻：Wilson 1994:72，賴1998:82。

攝於墾丁南灣

科名：旋螺科 Fasciolariidae

紫口旋螺

學名：*Peristernia nassatula* (Lamarck)

特徵及生態：殼長2～3公分，殼背有白色縱肋及褐色肋間溝，殼口紫色。多生活於潮池的珊瑚上，可能是一種以珊瑚組織為食的螺類。

分布：熱帶印度－西太平洋廣分布種。

文獻：Wilson 1994:73，賴1990:103。

螺類

攝於東北角龍洞

科名：旋螺科 Fasciolariidae

大赤旋螺

學名：*Pleuroploca trapezium*
(Linnaeus)

特徵及生態：殼長可達10
公分，殼背褐色有暗色環
紋，螺層的疣突明顯。生
活於岩礁海岸低潮線附近
至水深2公尺處。澎湖盛
產，當地人稱為紅螺。

分布：熱帶印度－西太平
洋廣分布種。

文獻：Wilson 1994:74，賴
1990:102。

標本採於墾丁南灣

科名：旋螺科 Fasciolariidae

釣錘旋螺

學名：*Leucozonia smaragdula*
(Linnaeus)

特徵及生態：殼長可達5公
分，殼背有暗褐色環狀
紋。生活於岩礁海岸低潮
線附近至水深2公尺。不常
見。

分布：熱帶印度－西太平
洋廣分布種。

文獻：Wilson 1994:70，賴
1998:81。

攝於蘭嶼

多稜旋螺

學名：*Latiruss polygonus* (Gmelin)

特徵及生態：殼長可達6公分，殼背上有粗縱肋，縱肋上有黑褐色斑，殼上也有淡色的細環狀紋。生活於礁岩海岸低潮線附近至水深2公尺處，偶爾可見。

分布：熱帶印度－西太平洋廣分布種。

文獻：Wilson 1994:71，賴1990:103。

螺類

攝於澎湖

粗瘤旋螺

學名：*Latirus lanceolatus* (Reeve)

特徵及生態：殼長可達3公分，殼背上常有厚厚一層碳酸鈣沉澱。生活在岩礁海岸低潮線附近到水深1公尺，多躲藏在岩石下，需搬動石塊才可採獲。

分布：熱帶印度－西太平洋。

文獻：Wilson 1994:71。

攝於墾丁萬里桐

科名：旋螺科 Fasciolariidae

赤旋螺

學名：*Pleuroploca filamentosa* (Roeding)

特徵及生態：殼長可達12公分，殼表棕色，並且有暗色環紋，肩部有大型結瘤，殼皮發達，殼口內有橫走的絲狀紋。生活於礁岩海岸低潮線至水深2公尺處，數量已減少許多。

分布：熱帶印度－西太平洋珊瑚礁常見種。

文獻：Wilson 1994:74，賴 1990:102。

攝於墾丁南灣

科名：旋螺科Fasciolariidae

紅斑塔旋螺

學名：*Latirus craticulatus* (Linnaeus)

特徵及生態：殼長可達3公分，殼表有紅褐色的縱斑塊，並有環肋。生活於礁岩海岸低潮線至水深2公尺，活貝少見，岸上可拾獲空殼。

分布：熱帶印度－西太平洋珊瑚礁常見種。

文獻：Wilson 1994:71，賴 1990:103。

科名：拳螺科 Vasidae

短拳螺

學名：*Vasum turbinellum*
(Linnaeus)

特徵及生態：殼長約6公分，殼表有數列短棘，以肩角的棘最大。塔螺較長拳螺低。生活於岩礁區低潮線附近。常見種。

分布：熱帶印度－西太平洋珊瑚礁。

文獻：Wilson 1994:60，賴1990:104。

攝於墾丁萬里桐，水深0.5公尺

科名：拳螺科 Vasidae

長拳螺

學名：*Vasum ceramicum*
(Linnaeus)

特徵及生態：殼長可達10公分，外形像短拳螺，但螺塔較高。生活於礁岩海岸低潮線附近至水深3公尺，近年來數量已銳減。

分布：印度－西太平洋地區。

文獻：Wilson 1994:60，賴1990:104。

攝於墾丁萬里桐

科名：織紋螺科 Nassariidae

尖頭織紋螺

學名：*Nassarius margaritiferus* (Dunker)

特徵及生態：殼長多小於3公分，由縱肋和螺肋形成弱果粒狀，縱肋稍強，殼貝上有褐色環斑及斑塊。生活於礁岩海域低潮區岩石下。少見。

分布：印度－太平洋地區。

文獻：Abbott & Dance 1986:180，波部1989:65。

攝於台東甚罿

科名：織紋螺科 Nassariidae

半彫織紋螺

學名：*Nassarius semisulcatus* (Rousseau)

特徵及生態：殼長約2公分，螺肋呈果粒狀，殼上有橄欖色環帶，外唇厚。生活於礁岩海域中潮區石塊下。少見。

分布：印度－西太平洋地區。

文獻：Wilson 1994:82。

攝於墾丁南灣，水深2公尺

科名：楊桃螺科 Harpidae

小楊桃螺

學名：*Harpa amouretta* Roeding

特徵及生態：殼長可達6公分。殼背有發達的縱肋，肋上有細褐色橫斑。夜行性。生活於礁岩區低潮線至水深5公尺。少見。

分布：印度－西太平洋地區。

文獻：Wilson 1994:137，賴1990:105。

科名：榧螺科 Olividae

平瀨榧螺

學名：*Oliva hirasei* Kira

特徵及生態：殼長約6公分，殼口及殼底呈白色，肩部及中間常有二道黑褐色暗帶。

分布：日本、台灣。

文獻：賴1990:108。

動物採於墾丁萬里桐礁岩區水深5公尺沙地上

科名：榧螺科 Olividae

橙口榧螺

學名：*Oliva miniacea* Roeding

特徵及生態：殼長6～7公分，殼淡棕色且有不規則褐色斑或橫帶，但本種花紋變異頗多，殼口橙紅色。生活於礁岩區沙地上，水深3～8公尺。

分布：印度－西太平洋地區。

文獻：Wilson 1994:134，賴1990:108。

標本採於墾丁萬里桐

科名：榧螺科 Olividae

寶島榧螺

學名：*Oliva annulata* (Gmelin)

特徵及生態：殼長可達6公分。螺塔略高，殼背肉黃色，殼上有三角形或不規則黑褐色斑。動物生活於礁岩區沙地上，水深1～5公尺，在沙地上沿著其爬行的痕跡常可發現。數量不多。

分布：印度－西太平洋地區。

文獻：Wilson 1994:133，賴1990:107。

攝於墾丁南灣

攝於蘭嶼開元港

尖銳筆螺

學名：*Mitra acuminata* Swainson

特徵及生態：殼長可達3.7公分。殼口狹長，縫合線明顯，螺紋線弱，但依然清晰可見。外唇緣有齒，內唇褶襞6條明顯。殼口為淡褐色，但無明顯斑塊。生活於礁岩海岸低潮線至水深3公尺岩石上。少見。

分布：印度－西太平洋地區。

文獻：Wilson 1994:151，賴1998:88。

攝於墾丁南灣

縱斑筆螺

學名：*Mitra eremitarum* Roeding

特徵及生態：殼長可達5公分，殼淡黃色而且有不規則棕色斑塊，這些斑塊大多縱走，殼表有細螺溝。生活於低潮區至水深3公尺的礁岩區。

分布：印度－西太平洋地區

文獻：Wilson 1994:145，賴1998:88。

攝於小琉球

紅牙筆螺

學名：*Mitra stictica* (Link)

特徵及生態：殼長可達6公分，橙紅色而有白色紋，每一螺塔肩部有白色鈍棘，縫合線上方有三條細螺溝，內唇有四條褶襞。動物生活於礁岩區，水深2～5公尺。少見。

分布：印度－西太平洋地區。

文獻：Wilson 1994:147，賴1990:111。

螺類

攝於墾丁南灣

小芋筆螺

學名：*Imbricaria punctata* (Swainson)

特徵及生態：殼長多小於1.5公分，外形像芋螺，具殼米黃色，具有細螺肋，內唇具有六至七條褶襞。生活於礁岩區水流平緩的深潮池中，水深1～2公尺。夜行性，白天躲至藻類基部及礁岩縫隙中，晚上才出來覓食。常見。

分布：印度－西太平洋地區。

文獻：Wilson 1994:154。

攝於墾丁南灣

科名：筆螺科 Mitridae

火焰筆螺

學名： *Mitra litterata* Lamarck

特徵及生態：殼高約2公分，自殼頂至殼底部有縱走的白色條紋，有些個體出現點狀斑。生活於珊瑚礁海域潮間帶。

分布：印度－西太平洋地區。

文獻：Wilson 1994:152，賴1990:113。

攝於墾丁南灣

科名： 筆螺科 Mitridae

焰筆螺

學名： *Mitra paupercula* (Linnaeus)

特徵及生態：殼高約3公分，殼頂至殼基有較狹長的黃色縱走細紋。生活於礁岩海岸潮間帶，常見。*M. zebra*小焰筆螺為同種異名。

分布：印度－西太平洋地區。

文獻：Wilson 1994:152，賴1990:113。

攝於墾丁南灣

科名：筆螺科 Mitridae

腰帶筆螺

學名：*Mitra decurtata* Reeve

特徵及生態：殼長約2.5公分，體螺層常有一白色橫帶，殼口白色，外唇厚，塔部常有碳酸鈣沈澱。生活於礁岩海域潮間帶，數量豐富。

分布：西太平洋地區。

文獻：Wilson 1994:151，賴1990:113。

大紅牙筆螺

學名：*Mitra papalis* (Linnaeus)

特徵及生態：殼長10－16公分，殼上有紅色斑點，縫合線下方有鈍棘，外唇厚，內唇有褶襞。生活於水深3～5公尺的岩礁區，稀少。

分布：印度－西太平洋地區。

文獻：Wilson 1994:146，賴1990:111。

科名：筆螺科 Mitridae

帝王筆螺

學名：*Mitra imperialis* Roeding

特徵及生態：殼長可達6公分，縫合線下有白色鈍棘或呈顆粒狀，殼表有細點狀螺溝。生活於礁岩區低潮線至水深3公尺處。少見。

分布：印度－西太平洋地區。

文獻：Wilson 1994:146，賴1998:87。

標本採於台東基翬潮間帶

科名：筆螺科 Mitridae

金桔筆螺

學名：*Mitra cucumerina* Lamarck

特徵及生態：殼長約3公分，紅棕色，殼上有粗螺肋，中間有一道由三列白點形成的環紋，褶襞3個很明顯。生活於低潮線附近岩石下。少見。

分布：印度－西太平洋地區。

文獻：Wilson 1994:148。

螺類

標本採於墾丁南灣

凹旗蛹筆螺

學名：*Vexillum cavea* (Reeve)

特徵及生態：殼長約2公分。縱肋明顯、狹長。生活於礁岩區低潮線附近潮池中，水深2公尺，活貝少見。*porphyretica* Reeve 1844及 *satsumae* Dall 1926 為同種異名。

分布：印度－西太平洋地區。

文獻：Wilson 1994:168，Springsteen & Leobrera 1986:206。

攝於墾丁南灣，水深2公尺

白帶蛹筆螺

學名：*Vexillum leucodesmum* (Reeve)

特徵及生態：殼長約2公分，殼呈暗咖啡色，體螺層中央有一個黃色或白色帶，此白色帶至其他螺層部份則位於螺層間的縫合線部份。生活於礁岩海岸低潮線附近潮池中，水深1～3公尺。活貝少見。

分布：印度－西太平洋地區。

文獻：Wilson 1994:168。

攝於墾丁南灣，水深2公尺

科名：蛹筆螺科 Costellaridae

金線蛹筆螺

學名：*Vexillum aureolineatum*
Turner

特徵及生態：殼長約2公分，縱肋明顯，縫合線亦很明顯。活貝的螺層上常具一條或二條暗褐色帶。生活於低潮線至水深3公尺的珊瑚石基部縫隙中。少見種。

分布：印度－西太平洋地區。

文獻：Wilson 1994:167。

螺類

標本採於墾丁萬里桐珊瑚礁海域水深7公尺的沙地上

科名：筍螺科 Terebridae

鉛筆筍螺

學名：*Hastula penicillata*
(Hinds)

特徵及生態：殼長可達4公分。縫合線上方有環狀橫斑，殼上亦有不規則縱走細褐線。生活於珊瑚礁區水深5～10公尺的沙地上。

分布：印度－西太平洋地區。

文獻：Wilson 1994:221。

科名：筍螺科 Terebridae

花牙筍螺

學名：*Terebra crenulata*
(Linnaeus)

特徵及生態：殼長可達11
公分。貝殼光滑，淡褐
色，各螺層的縫合線下有
白色結瘤，結瘤上有褐色
細線紋，下有兩列褐色點
狀斑紋，體層的點狀斑紋
有3列。稀有。

分布：印度－西太平洋地
區。

文獻：Wilson 1994:225，
賴1990:121。

動物攝於墾丁海域水深約3公尺的珊瑚區沙底

科名：筍螺科 Terebridae

紅筍螺

學名：*Terebra dimidiata*
(Linnaeus)

特徵及生態：貝殼紅褐
色，貝殼上有黃白色的曲
線細紋。每一縫合線下有
一條無斑的環帶，殼口白
色。*carnea* Perry及 *splend-
ens* Deshayes為同種異名。
數量稀少。

分布：印度－西太平洋地
區。

文獻：Wilson 1994:225，
賴1990:121。

標本攝於墾丁珊瑚礁海域水深2公尺的沙地上

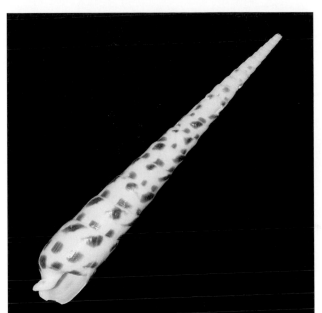

標本採於墾丁白沙

科名：筍螺科 Terebridae

黑斑筍螺

學名：*Terebra subulata* (L.)

特徵及生態：殼長達13公分。殼表為光亮的乳白色，無肋，螺層上有兩列排列規則的黑褐色斑塊。縫合線下的斑塊較大，縫合線上的斑塊較小。*T. subulata*為同種異名。

分布：印度－西太平洋地區。

文獻：Wilson 1994:228，賴1990:120。

攝於墾丁核三廠出水口

科名：芋螺科 Conidae

紋身芋螺

學名：*Conus arenatus* Hwass

特徵及生態：殼長可達4.5公分。殼表有細斑點，常排列成縱走的波狀帶，肩部有顆粒列，殼皮發達。生活於礁岩區沙地上，水深2～5公尺，常可循著貝殼爬過的痕跡找到牠們。少見。

分布：廣布印度－太平洋礁岩淺海。

文獻：賴1998:110，Wilson 1994:200。

攝於墾丁南灣

科名：芋螺科 Conidae

船長芋螺

學名：*Conus capitaneus*
Linnaeus

特徵及生態：殼長可達6公分。殼表淡褐色，肩部及腰部有白色橫帶及黑褐色斑。生活於礁岩區，水深2～3公尺，不常見。

分布：廣布印度－太平洋礁岩淺海。

文獻：賴1990:127，Wilson 1994:202。

攝於墾丁萬里桐，水深1公尺

科名：芋螺科 Conidae

小斑芋螺

學名：*Conus chaldeus*
(Roeding)

特徵及生態：殼長可達3.5公分。貝殼似斑芋螺，但體層多黑色，且有不規則的小斑紋。生活於礁岩海岸低潮線附近。

分布：廣分布於印度－西太平洋礁岩淺海。

文獻：賴1990:122，Wilson 1994:202。

攝於墾丁核三廠出水口

花冠芋螺

學名：*Conus coronatus* Gmelin

特徵及生態：殼長多小於2公分。殼表常有不規則褐色斑塊及橫走的斑點。生活於礁岩海岸潮間帶。常見。

分布：印度－西太平洋地區。

文獻：Wilson 1994:204，賴1990:123。

螺類

攝於墾丁船帆石

斑芋螺

學名：*Conus ebraeus* Linnaeus

特徵及生態：殼長可達5公分。貝殼白色，體螺層上常有三列整齊排列的黑斑塊，塔部低，上亦有黑色條狀紋。生活於礁岩海岸潮間帶。常見。

分布：印度－西太平洋地區。

文獻：Wilson 1994:205，賴1990:122。

攝於墾丁萬里桐潮間帶

紫霞芋螺

學名：*Conus flavidus* Lamarck

特徵及生態：殼長可達5公分。殼表黃褐色，中央常有白色橫帶，殼口及殼底呈紫色。殼皮發達。塔部低，肩部無結瘤。生活於礁岩區中低潮線附近。常見。

分布：印度－西太平洋地區。

文獻：Wilson 1994:206，賴1990:124。

標本採於墾丁，水深2公尺的礁岩上

科名：芋螺科 Conidae

將軍芋螺

學名：*Conus generalis* Linnaeus

特徵及生態：殼長可達7公分，螺塔尖且突起，體層棕色，肩下、腰部及殼底常有三道白色寬帶，寬帶處常有不規則斑紋。少見。

分布：印度－西太平洋地區。

文獻：Wilson 1994:206，賴1998:111。

攝於墾丁核三廠出水口

科名：芋螺科 Conidae

帝王芋螺

學名：*Conus imperialis* Linnaeus

特徵及生態：殼長可達8公分。殼表具白色及褐色橫帶且具有許多平行的黑褐色短線，肩部結瘤明顯，塔部低且呈白色。動物生活於礁岩海域，水深3～5公尺，少見。

分布：印度－西太平洋地區。

文獻：Wilson 1994:207，賴1990:125。

科名：芋螺科 Conidae

柳絲芋螺

學名：*Conus miles* Linnaeus

特徵及生態：殼長可達5公分，殼表有褐色細紋及橫帶，殼底部常呈黑褐色。生活於礁岩海域低潮線至水深2公尺。常見。

分布：印度－西太平洋地區。

文獻：Wilson 1994:210，賴1990:124。

攝於蘭嶼椰油，水深2公尺

科名：芋螺科 Conidae

樂譜芋螺

學名：*Conus musicus* Hwass

特徵及生態：殼長多小於2公分。殼表有黑線狀或點狀的細橫紋，肩部至殼頂有黑褐色的條狀紋，殼底紫色。生活於礁岩低潮線附近的潮池中。

分布：印度－西太平洋地區。

文獻：Wilson 1994:211。

攝於墾丁萬里桐，水深1公尺

科名：芋螺科 Conidae

飛彈芋螺

學名：*Conus nussatella* Linnaeus

特徵及生態：殼長可達5公分。殼表有細肋及有不規則褐色雲狀斑及黑褐色的橫斑點列。生活於礁岩區，水深2～10公尺。少見。

分布：印度－西太平洋地區。

文獻：Wilson 1994:211，賴1998:109。

攝於蘭嶼蘭恩教會前，水深3公尺，空殼

螺類

攝於墾丁南灣

芝麻芋螺

學名：*Conus pulicarius* Hwass

特徵及生態：殼長約5公分，肩部有瘤狀鈍棘，殼表有明顯黑色斑點。生活於礁岩海岸1～3公尺深。少見。

分布：印度－西太平洋地區。

文獻： Wilson 1994:213， 賴 1998:110。

攝於澎湖赤崁

鼠芋螺

學名：*Conus rattus* Hwass

特徵及生態：殼長多小於4公分。殼褐色，肩部多白斑，殼口內呈淡紫色。動物生活於全省各岩礁海岸的潮間帶。常見。

分布：印度－西太平洋地區。

文獻： Wilson 1994:213， 賴 1990:123。

攝於墾丁白沙

花環芋螺

學名：*Conus sponsalis* Hwass

特徵及生態：殼長約2公分，殼表下半部有細螺肋，殼表白色且有不規則的褐色斜走斑紋，殼底部呈紫黑色。螺塔低，上有不規則的褐色條紋。生活於礁岩海域潮間帶。常見種。

分布：印度－西太平洋地區。

文獻： Wilson 1994:215， 賴 1998:105。

竹筍芋螺

學名：*Conus terebra* Born

特徵及生態：殼長可達8公分，肩部圓滑，殼表具細螺紋。顏色淡黃色，或黃白相間，殼底部顏色較深，常爲淡紫色。生活於礁岩區，水深2～5公尺。

分布：印度－西太平洋地區。

文獻：Wilson 1994:216，賴1998:113。

攝於蘭嶼洞口，水深3公尺

織錦芋螺

學名：*Conus textile* Linnaeus

特徵及生態：殼長可達7公分，常出現於珊瑚礁區沙地處，獵食其他螺類，具強烈毒性，捕捉時，應避免接近殼口處，最好由殼的頂部捕捉。墾丁海域偶可發現，但數量漸少。

分布：印度－西太平洋地區。

文獻：Wilson 1994:216，賴1990:126。

螺類

科名：芋螺科 Conidae

鬱金香芋螺

學名：*Conus tulipa* Linnaeus

特徵及生態：殼長可達7公分，貝殼比一般芋螺薄，具殼皮，是一種兇猛的肉食螺類，運動速率頗快。夜行性。東北角、成功、恒春半島礁岩海岸低潮線附近可以見到。稀有。

分布：印度－西太平洋地區。

文獻：賴1998：109，Wilson 1994:217。

攝於墾丁南灣，水深3公尺

科名：芋螺科 Conidae

旗幟芋螺

學名：*Conus vexillum* Gmelin

特徵及生態：殼長可達8公分，體螺層肩部及中間部份有白色環帶。動物生活於礁岩海域水深2～5公尺。少見。

分布：印度－西太平洋地區。

文獻：賴1998：114，Wilson 1994:217。

攝於墾丁萬里桐

科名：棗螺科 Bullidae

棗螺

學名：*Bulla vernicosa* (Gould)

特徵及生態：殼高約3～4公分，黑褐色，不見螺塔，全省岩礁海岸均有記錄。低潮線至水深2公尺，大多尋獲空殼，活體少見。

分布：印度－西太平洋地區。

文獻：賴1990:130，吉良1989:103，Springsteen and Leobrera 1986:284。

攝於墾丁萬里桐

科名：壺螺科 Modulidae

壺螺

學名：*Modulus tectum*
(Gmelin)

特徵及生態：殼長約1-2公
分。塔部低平，殼口紫
色，寬大。有臍孔。內唇
下方有一突出齒。口蓋角
質，透明。動物生活在墾
丁珊瑚礁海域1～3公尺的
礁岩區，殼上附生藻類，
形成很好的偽裝。*M.
candidus*為同種異名。

分布：印度－西太平洋地
區。

文獻：Abbott and Dance
1986:63，Springsteen and
Leobrera 1986:58。

螺類

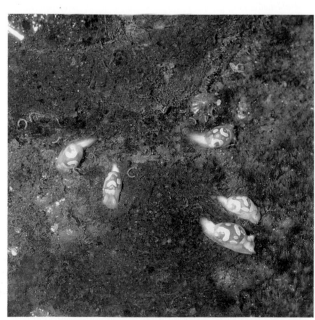

動物採於蘭嶼核廢料港外側潮間帶的潮池中

科名：月華螺科 Haminoeidae
（＝阿地螺科Atycidae）又稱為泡螺科

空杯麗葡萄螺
空杯麗泡螺

學名：*Haminoea cymbalum*
(Quoy & Gaimard)

特徵及生態：呈淡綠色，
尾端略呈白色，具白色略
透明的薄殼，殼長多小於
0.5公分。活體背上有菊色
斑點及淡菊色狹長斑塊。
草食性，以絲狀藻類為
食。台東及蘭嶼礁岩海岸
潮間帶均有記錄。

分布：日本，西澳洲的
Dampier群島、Cocos
(Keeling) 島亦有記錄。

文獻：Wells and Bryce
1993:27，波部1989:89，
Gosliner et al. 1996:151。

科名：月華螺科 (Haminoeidae)
(=阿地螺科，Atycidae) 又稱為泡螺科

翡翠葡萄螺
翡翠泡螺

學名：*Smargdinella calyculata*
(Broderip et Sowerby)

特徵及生態：身體墨綠色，伸展時可達2公分長，又常覆蓋在綠藻之上，形成極好的偽裝。背上有淡褐色的殼，殼長多小於1公分，有淡綠色的殼皮。數量稀少。

分布：日本和歌山縣以南及台灣蘭嶼、恆春半島均有記錄。

文獻：Wells and Bryce 1993:27，波部1989:89，Abbott and Dance 1986:280。

動物採於蘭嶼核廢料港外側潮間帶的潮池中

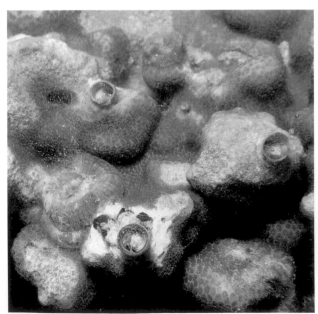

科名：蛇螺科Vermetidae

覆瓦小蛇螺

學名：*Serpulorbis imbricata*
(Dunker)

特徵及生態：管徑約0.5公分，黃色角質口蓋具有褐色的同心圓，中間顏色深。成群生活在珊瑚礁海域水深1～3公尺處。除殼口外，動物常被石珊瑚包住，留下殼口向上伸出。（圖片中央有一隻沒被石珊瑚覆蓋，管子成淡褐色，有深褐色橫斑。）殼口周圍分泌網狀黏液，黏取水中有機物及小生物為食。

分布：北海道以南、九州、中國沿海。

文獻：奧谷喬司 2000:209。

攝於墾丁南灣

大管蛇螺

學名：*Dendropoma maxima* (Sowerby)

特徵及生態：一種固著性螺類，管狀，管徑可達3公分。口蓋黑色，角質。穴居於水深1～5公尺的造礁珊瑚上或岩壁上，常成群出現。在殼口周圍分泌網狀黏液，黏取水中有機物及小生物爲食。

分布：日本紀伊半島以南，熱帶西太平洋海域。

文獻：奧谷喬司 2000:207。

螺類、海蛞蝓

動物採於墾丁南灣跳石大型潮池中，澎湖亦有記錄

科名：葉鰓海牛科 = 海天牛科
Placobranchidae = Esiidae

眼斑多葉鰓

學名：*Placobranchus ocellatus* (van Hassevt)

特徵及生態：體長可達6公分，觸角前端有一褐色環，外套爲淡黃綠色，有少數黑色斑圈及許多淡褐到淡綠色斑點。外套外翻後呈綠色。

分布：爲熱帶及亞熱帶廣分布種。

文獻：Nishimura 1992：277。

攝於墾丁核三廠出水口

科名：側鰓科 Pleurobranchidae

龜甲側鰓

學名：*Pleurobranchus sempin* (Vayssiere)

特徵及生態：體長可達10公分，深紅色，背上有白緣的大圓斑塊。夜行性。生活於珊瑚礁海域，水深1～3公尺。稀有。

分布：日本相模灣、紀伊半島、能登半島，台灣南部。

文獻：Nishimura 1992: 273。

科名：多角海牛科 Polyceridae

藍紋繡邊海牛

學名：*Tombja morosa* (Bergh)

特徵及生態：體長可達10公分，全身呈黑藍色，頭的前緣及尾部兩側呈藍色，外鰓內緣有黃綠色條紋，呈分枝狀。背上偶有淡黃綠色斑紋。生活於珊瑚礁海域，水深10～20公尺。

分布：日本紀伊半島、奄美大島，台灣南部

文獻：Nishimura1992:278，pl.54，fig.9

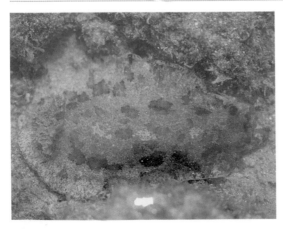

科名：海牛科 Dorididae

粗糙扁海牛

學名：*Platydoris scabra* (Cuvier)

特徵及生態：體長可達9公分，表面粗澀，背上有許多褐色斑點及斑塊。夜行性，白天多躲在石塊下。生活於珊瑚礁海域潮間帶到水深3公尺。稀有。

分布：馬達加斯加到馬來西亞、澳洲、斐濟、關島、琉球到馬歇爾群島、台灣南部。

文獻：Gosliner et al. 1996:161。

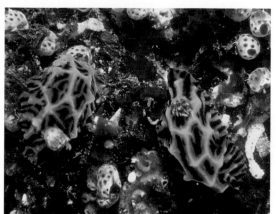

攝於台灣北部金沙灣水深15公尺

科名：海牛科 Dorididae

一種瘤背海牛

學名：*Halgerda sp.*

特徵及生態：背上有金黃色粗脊，黃色脊之間有不規則的深褐色長斑。主要以海綿為食。

攝於墾丁南灣，水深20公尺

科名：海牛科 Dorididae

威氏瘤背海牛

學名：*Halgerda cf. willeyi* Eliot

特徵及生態：體長約5公分，背上有黃色脊，黃脊之間有黃色及深褐色線，主要以海綿為食。生活在珊瑚礁海域。稀有。

分布：澳洲，新幾內亞，菲律賓，琉球，呂宋，紅海。

文獻：Gosliner et al. 1996:160，fig.562。

科名：六鰓科 Hexabranchidae

血紅六鰓

又名西班牙舞姬 (Spanish dancer)

學名：*Hexabranchus sanguineus* (Ruppell et Leuckart)

特徵及生態：體長可達10公分，鮮紅色，受刺激可作短暫的游泳，身體邊緣呈波浪狀收縮，姿態像游蝶泳。生活於珊瑚礁海域潮間帶至5公尺深的亞潮帶，數量稀少。墾丁海域及東北角有記錄。

分布：日本、澳洲。

文獻：Coleman 1989:8，Gosliner et. Al. 1986:161。

海蛞蝓

動物採於蘭嶼核廢料港內水深4公尺礁岩上

科名：刺海牛科 Kentrodorididae

紅斑刺海牛

學名：*Kentrodoris rubescens* (Bergh)

特徵及生態：體長可達15公分，背上有許多不規則的棕色及黃色縱走斑。

分布：澳洲昆士蘭的蜥蜴島，蘭嶼。

文獻：Coleman 1989:19。

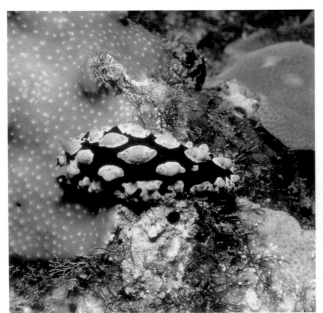

動物採於蘭嶼開元港外水深5公尺的礁岩上

科名：葉海牛科 Phyllididae

葉海牛

學名：*Phyllidiella varicosa* (Cuvier)

特徵及生態：體長約5公分，觸角橘黃色。背上有許多淡藍色的突疣，突疣末端為黃色。身體中央的突疣較大，突疣之間為黑色。

分布：日本沖繩，南太平洋均有分布分布。

文獻：益田1991:221，Coleman 1989:46。

科名：多彩海牛科 (Chromodorididae)
　　　＝舌尾海牛科 (Glossodorididae)

伊氏多彩海蛞蝓

學名：*Chromodoris elizabethina* Bergh.

特徵及生態：體長約5公分。觸角及外鰓為橘黃色，身體周緣為白色，但有一環黃色帶。身體中央為淡藍色，淡藍色外圈為黑色，身體中央沒有貫穿的縱走黑色帶，僅前端有一小段。

分布：日本，澳洲，南太平洋群島。

文獻：Gosliner 1996: 163, fig. 572。

採於蘭嶼開元港外水深8公尺的獨立礁上

科名：多彩海牛科 (Chromodorididae)
　　　＝舌尾海牛科 (Glossodorididae)

威氏多彩海蛞蝓

學名：*Chromodoris willani* Rudman

特徵及生態：體長約9公分，觸角及外鰓為淡藍色，上面有許多白點。身體周緣為白色，中央為淡藍色，淡藍色外圍為黑色環帶，身體中央有一些黑色斑點及短縱線。腹部兩側也有縱斑及縱走帶。以海綿為食。

分布：關島，台灣，呂宋，菲律賓，澳洲。

文獻：Gosliner et al.1996: 164, fig. 578。

動物採於蘭嶼開元港外水深12公尺的獨立礁上

海蛞蝓

動物採於蘭嶼開元港外水深11公尺的獨立礁上

科名：多彩海牛科 (Chromodorididae)
　　＝舌尾海牛科 (Glossodorididae)

陸氏多彩海蛞蝓

學名：*Chromodoris lochi* Rudman

特徵及生態：體長約5公分，觸角及外鰓為橘黃色，身體周緣為白色。身體中央為淡藍色，淡藍色外圈為黑色，身體中央有一條半貫穿的縱走黑色帶，和少數斑點及短縱線。

分布：新加坡，澳洲，新幾內亞，菲律賓。

文獻：Gosliner 1996: 164, fig. 575。

動物採於蘭嶼開元舊港內水深3公尺的礁岩上

科名：葉海牛科 Phyllididae

丘凸葉海牛

學名：*Phyllidiella pustulosa* (Cuvier)

特徵及生態：體長約5公分，觸角黑色。背上有許多淡棕色的疣狀突起，3～5個疣狀突起聯結成一個較大型凸起。身體中央處凸起較大，凸起之間為黑色。

分布：日本沖繩，澳洲南部到新南威爾斯均很常見。

文獻：Wells and Bryce 1993:144; Gosliner et al. 1996: 169, fig. 597。

駭邊舌尾海蛞蝓

學名：*Glossodoris cf. atromarginata* (Cuvier)

特徵及生態：背部褐色，背部邊緣為白色，但白色中間有一條明顯的黑色細帶環繞背部。外鰓黑褐色，觸角前緣黑褐色，後緣白色。Coleman (1989)記錄牠們的食物為海綿。在蘭嶼採獲的標本顏色較南太平洋所記錄的深。

分布：南太平洋Lord Howe島，南太平洋常見。澳洲西部到新南威爾斯。

文獻： Wells and Bryce 1993:133，Coleman 1989:37，Gosliner et al. 1996:165。

海蛞蝓

動物採於蘭嶼虎頭坡水深4公尺的礁岩上

一種舌尾海牛

學名：*Glossodoris sp.*

特徵及生態：體長達20公分。身體背部顏色呈淡粉紅色，背部邊緣有一條明顯的褐色細帶環繞背部，褐色帶的最外緣呈灰白色。觸角顏色和身體背部顏色相近，觸角前緣有一條縱帶。外鰓呈2簇，顏色比身體背部顏色略黑。

動物採於蘭嶼核廢料港，水深4公尺的礁岩及沙地交界處

科名：石礦科 Onchidiidae

石礦

學名：*Peronia verruculata* (Cuvier)

特徵及生態：綠色到灰綠色，背上常有粗糙突出疣。生活於礁岩海域潮間帶高潮線附近岩石區。夜行性。澎湖海域常見。廣布台灣礁岩海域潮間帶。屬於腹足綱、肺螺亞綱、柄眼目(Stylommatophora)。

分布：廣分布於印度－太平洋地區。

文獻：西村及伊藤 1987:93，奧谷喬司2000:813。

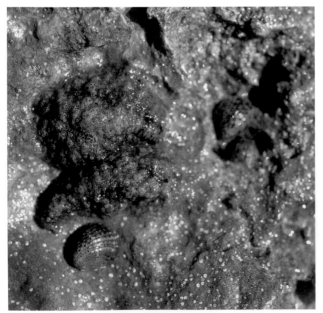

科名：海兔科 Aplysiidae

斧斑海兔

學名：*Dolabrifera dolabrifera*

特徵及生態：小型海兔，頭部較小，體表有褐色突起。珊瑚礁海域石塊下。

分布：日本相模灣、台灣、到印度－太平洋，大西洋亦產。

文獻：奧谷1997:157；西村1992:272，奧谷喬司2000:769。

攝於墾丁南灣

科名：海兔科 Aplysiidae

黑指紋海兔

學名：*Aplysia dactylomela* Rang

特徵及生態：體長可達20公分，熱帶珊瑚礁區常見種，大致上可由外套膜上的黑色環紋來區分。爲墾丁珊瑚礁區常見種，。大西洋亦產。*Aplysia angasi* 是同種異名。

分布：環熱帶種，南非、紅海到夏威夷及巴拿馬亦出現在加勒比海。

文獻：et al. 1996：153，fig. 536，奧谷喬司2000:767。

科名：海兔科 Aplysiidae

截尾海兔

學名：*Dolabella auricularia* (Lightfoot)

特徵及生態：體長可達20公分，動物尾端截平，呈綠色，體表有許多凸出的肉刺。多生活於珊瑚礁海域潮間帶，多藻類的潮池中。生殖季在多天，生殖時有配對行爲。動物受刺激會釋出紫紅色液體。卵塊呈綠色麵條狀，附著在潮池岩壁上。

分布：日本相模灣、台灣。

文獻：Gosliner et al. 1996:154，fig.537，奧谷喬司2000:769。

動物採於蘭嶼核廢料港內，水深2～4公尺，數量頗多

科名：海兔科 Aplysiidae

長尾背肛海牛

學名：*Stylocheilus longicauda* (Quoy & Gaimard)

特徵及生態：小型海兔，體長約4公分，身體呈褐綠色，身上有許多縱線及藍色斑。成群聚集在水質清澈的港內小礫石上，或岩塊下，有很好的保護色。四月初為生殖季，常成群聚集交配，卵團呈褐色細線狀，附於岩石下。

分布：熱帶海域的世界種。

文獻：Wells and Bryce 1993:46；Gosliner 1996:154；益田等1991:232。

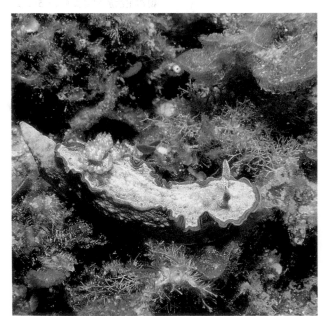

攝於墾丁萬里桐，水深7公尺

科名：多彩海牛科 (Chromodorididae)
= 舌尾海牛科 (Glossodorididae)

雙色皮緣海牛

學名：*Casella cincia* = *Glossodoris cincta* (Bergh)

特徵及生態：身體長約5公分，背上呈粉棕色到粉紅色，有白斑，背上邊緣圍有綠色及土棕色環。

分布：坦桑尼亞，澳洲，斐濟，新幾內亞，印尼，菲律賓，關島及索羅門群島。

文獻：Gosliner et al. 1996: 165, fig. 581。

科名：魁蛤科 Arcidae

紅鬍魁蛤

學名：*Barbatia bicolorata* (Dillwyn)

特徵及生態：殼長一般4～6公分，殼表呈紋狀而有殼毛，殼內面常呈褐色。生活於岩礁海域，水深0～5尺，常躲藏於岩石之下，或岩縫之間。

文獻：賴1990:137，波部1977:31。

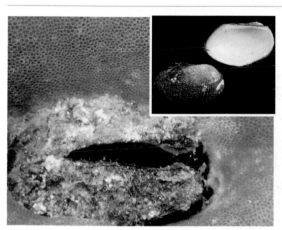

科名：魁蛤科 Arcidae

鬍魁蛤

學名：*Barbatia lima* (Reeve)

特徵及生態：殼長5～8公分，殼內面白色，殼表橫肋及縱肋細小且明顯，呈布紋狀，殼表有黑褐色殼毛。動物生活於岩縫海域1～5公尺深，常卡在珊瑚縫中，採集不易。

文獻：賴1990:137，波部1977:31。

科名：殼菜蛤科 Mytilidae

雲雀殼菜蛤

學名：*Modiolus auriculatus* (Kraussi)

特徵及生態：殼長3～4公分，生活於珊瑚礁海域，水深0～1公尺，小硫球盛產，常成群吸附著在礁岩上，殼上附著許多藻類，俗稱「土嘴瓜」，可食用。

文獻：賴1986:29，波部1977:54。

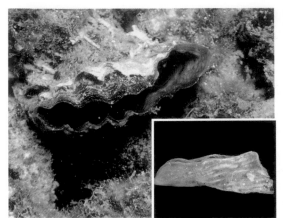

科名：江珧蛤科 Pinnidae

袋狀江珧蛤

學名：*Streptopinna saccata* Linnaeus

特徵及生態：殼長一般5～8公分，淡棕色，殼薄，雙殼形狀常歪曲。生活在礁岩海1～5公尺深，常夾在珊瑚縫隙中，採集不易，很容易弄破。

文獻：賴1990:140，波部1977:67。

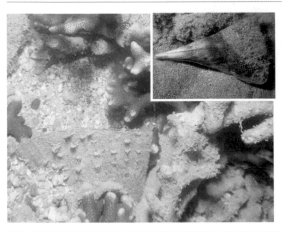

科名：江珧蛤科 Pinnidae

尖角江珧蛤

學名：*Pinna muricata* Linnaeus

特徵及生態：殼長10～15公分，長三角形，略有縱走放射肋，殼末端有鱗片狀突起。生活於多沙的珊瑚礁海域，水深0～3公尺，潮池中較常發現。

文獻：賴1990:140，波部1977:65。

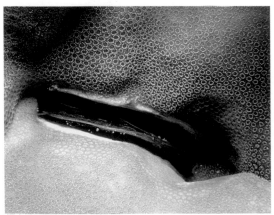

標本採於蘭嶼

科名：海扇蛤科 Pectinidae

海菊海扇蛤

學名：*Pedum spondyloideum* (Gmelin)

特徵及生態：一種固著的雙殼貝，殼寬約4公分。生活於珊瑚礁海域，水深2公尺。鑲在石珊瑚中成長，採集困難。

文獻：Gosliner et al. 1996:180，波部1977:92。

長硨磲

學名： *Tridacna maxima*
(Röding)

特徵及生態： 成體爲固著
性，殼長可達25公分，生
活於珊瑚礁海域低潮線至
10公尺深，外套膜具共生
藻，可行光合作用。由於
受到大量採捕，數量減少
且小型化。

文獻： 賴1990:149，波部
1977:176。

鱗硨磲

學名： *Tridacna squamosa*
Lamarck

特徵及生態： 成體爲固著
性，殼長可達20公分，生
活於珊瑚礁海域5至10公尺
深，外套膜具共生藻，可
行光合作用。由於受到大
量採捕，數量減少且小型
化。蘭嶼海域產量較多。

文獻： Gosliner et al. 1996:
185，波部1977:176。

雙殼貝

標本採於墾丁南灣（直徑2公分）

科名：海筍科 Pholadidae

鈴蛤

學名：*Jouannetia cumingi* (Sowerby)

特徵及生態：貝殼呈球形，末端突出，兩殼不等，左殼大於右殼。動物生活於礁岩海岸的低潮區的珊瑚礁石中，需打開珊瑚石才可採獲。

分布：日本房總半島以南到熱帶印度西太平洋，潮間帶礁岩中。

文獻：賴1998:154，奧谷喬司 2000:1029。

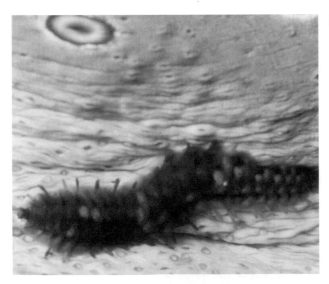

科名：多鱗蟲科 Polynoidae

鱗蟲

學名：*Gostrolepidia cf. clavigera* Schmarda

特徵及生態：動物寄生在海參體表，特別是蛇目參 (*Bohadschia argus*)，和寄主顏色相似。有些也生活在梅花參屬(*Thelenota*)，刺參屬(*Stichopus*)和海參屬(*Holothuria*)的海參身上。

分布：南非、馬達加斯加及莫三比克到澳洲、馬來西亞，菲律賓。

文獻：Gosliner et al. 1996: 114, fig. 386。

巨原管蟲

學名：*Protula magnifica*
Straughan

特徵及生態：鈣質管直徑
約1公分，鰓冠由兩個螺旋
狀羽狀觸手組成。常出現
在珊瑚礁區水深3～10公尺
的岩壁上。墾丁及蘭嶼可
以見到。

文獻：益田等 1991: 96，
Nishimura 1992: 370，
Gosliner et al. 1996:119。

科名：龍介蟲科 Serpulidae

大旋鰓蟲

學名：*Spirobranchus
giganteus* (Pallas)

特徵及生態：二個觸手冠
像小聖誕樹一般。顏色變
化很大，有黃色，藍色，
紫色，紅色，橙色，綠色
及棕色等。有一個黃色或
棕色口蓋。常穴居在珊瑚
上，經常成群出現，將珊
瑚點綴得多彩多姿。受到
刺激，蟲體快速縮回穴洞
中。墾丁海域3～8公尺礁
岩上常見。環熱帶種。

文獻：Gosliner et al. 1996:
120，fig. 409。

雙殼貝、多毛類

科名：纓鰓蟲科 Sabellidae

印度光纓蟲

學名：*Sabellastarte indica* (Savigny)

特徵及生態：大型觸手羽冠呈馬蹄形，上面常有紅色到咖啡色斑紋，主要生活在礁岩海域2～5公尺深，蟲管為革質。世界性環熱帶種。

文獻：Gosliner et al. 1996:121，fig.412。

科名：多鱗蟲科 Polynoidae

印度背鱗蟲

學名：*Paralepidonotus cf. indicus* (Kinberg)

特徵及生態：呈棕色，體長約3～4公分。前端有一對長觸角，體扁平，多生活在珊瑚礁區水深1～3公尺岩石下，要翻過岩塊才可發現。

分布：莫三鼻克，馬爾地夫，澳洲，菲律賓，台灣。

文獻：Gosliner et al. 1996: 115，fig. 388

灰白陸寄居蟹

學名：*Coenobita rugosus* Edwards

特徵及生態：左鉗足較大，收縮時掌部可平整地封住殼口，是很好的保護。左螯腳掌部及兩螯腳腕節背面具有一縱列青黑色長條，長節末端另外具有一環青黑色的環帶。夜行性。小個體常在海邊活動，大個體可在陸地活動，常在垃圾堆附近找尋疏果殘物為食。抱卵期在夏季。

分布：屏東、宜蘭、蘭嶼、綠島。

文獻：游及符 1991:58。

多毛類、甲殼類

線斑真寄居蟹

學名：*Dardanus guttatus* (Olivier)

特徵及生態：大型寄居蟹，呈暗紅色，鉗足和步足無毛處為青色。眼柄呈黃棕色，末端為黑色，黑色和黃棕色之間有一白色界線。觸鬚呈墨綠色。夜行性。在礁岩水深0～2公尺處活動。

文獻：游及符 1991: 28。

科名：活額寄居蟹科 Diogenidae

柄真寄居蟹

學名：*Dardanus pedunculatus* (Herbst)

特徵及生態：眼柄呈亮黃色、觸鬚灰綠色。常背負蠑螺的空殼，殼上常有海葵(*Calliactis polypus*)附著共生。寄居蟹可獲得海葵具毒性的刺細胞保護及偽裝，而海葵可被帶著到處移動捕食，並可吃到柄真寄居蟹吃剩的食物殘渣，這是一種互利共生。這種大型寄蟹的最大天敵是章魚。夜行性。生活在礁岩海岸水深1～2公尺處。

文獻：游及符 1991:33。

科名：活額寄居蟹科 Diogenidae

斑點真寄居蟹

學名：*Dardanus megistos* (Herbst)

特徵及生態：體型大呈美麗的橘紅色，全身散生許多細小且鑲黑邊的白點，鉗腳和步腳均有銳棘與長毛。蟹鬚呈白色。大多為夜行性。生活在礁岩海岸水深2公尺以內。

文獻：游及符 1991:32。

科名：活額寄居蟹科 Diogenidae

光螯硬殼寄居蟹

學名：*Calcinus laevimanus*
(Randall)

特徵及生態：左螯腳大於右螯腳，右螯腳掌部背側內緣光滑無齒。眼柄末端水藍色，中間橘紅，基部藍色。棲息於岩礁或珊瑚礁潮間帶。全省礁岩地區廣布，數量豐富。

分布：非洲東部沿岸經印度洋至印尼，菲律賓，北至台灣，日本，東至吉爾貝特群島、夏威夷群島，南至澳洲。

文獻：游及符 1991:390。

科名：活額寄居蟹科 Diogenidae

溝紋銼指寄居蟹

學名：*Trizopagurus strigatus* (Herbst)

特徵及生態：頭胸甲扁平，雪白並綴有紅斑點，螯腳左右同形等大，螯腳及胸足具有鮮紅色的橫向環帶，環帶前方有黃棕色短毛。台灣北部龍洞，野柳，南部九棚均有記錄。

文獻：游及符 1991：57。

科名：活額寄居蟹科 Diogenidae

珊瑚細螯寄居蟹

學名：*Clibanarius corallinus*
 (Edwards)

特徵及生態：螯腳左右同
形等大。頭胸甲後部具有
黑色及紅棕色相間線條，
線條上有許多茶色斑點。
螯腳紅棕色，上密布黃色
齒棘，眼柄橙紅色。生活
於珊瑚礁海岸潮間帶至水
深2公尺。恆春半島、宜
蘭、澎湖均有記錄。

分布：印度－西太平洋地
區，非洲東部向東經印度洋
至馬來半島、越南、菲律
賓，北至中國大陸、台灣、
日本，南至大溪地、澳洲。

文獻：游及符 1991：40。

科名：活額寄居蟹科 Diogenidae

寬胸細螯寄居蟹

學名：*Clibanarius eurysternrs*
Hilgendorf

特徵及生態：頭胸甲扁
平，螯腳左右等大。頭胸
甲，五對胸腳，眼柄及第
二觸角柄均呈亮黃色，剛
毛淡黃色。分布於恆春半
島、蘭嶼珊瑚礁海岸。

分布：非洲東岸經印度-西
太平洋到馬來半島、菲律
賓，由北到台灣、日本，
東到密克尼亞群島均有分
布。

文獻：游及符 1991：41。

藍色細螯寄居蟹

學名：*Clibanarius virescens*
(Krauss)

特徵及生態：螯腳左右同形等大。左第三胸足前節外側面近背緣處具有一條隆起陵。螯腳及第二，三胸足橄欖綠色。螯腳鉗部，腕節之棘齒淡黃色。第二，三胸足指節前後兩端淡黃色。眼柄橄欖綠色，前方有一白色環帶。前胸甲有三個暗綠色斑，前半部有許多淡黃色斑點。台灣礁岩及珊瑚礁潮間帶常見種。

分布：印度－西太平洋，中國大陸，台灣，日本

文獻：游及符 1991：42。

甲殼類

隱白寄居蟹

學名：*Calcinus latens*
(Randall)

特徵及生態：左螯略大於右螯。右螯掌部的背側內緣有一列銳齒。螯腳及二三胸足末端均為白色。礁岩海域及珊瑚礁潮間帶常採獲。台灣北部及東北角海岸、恆春半島有記錄。

分布：廣布印度－西太平洋地區，由非洲東岸經印度洋至菲律賓，北至日本，南至澳洲，東至吉爾貝特群島、夏威夷群島。

文獻：游及符1991：36。

攝於墾丁

縱條鞭藻蝦

學名：*Lysmata amboinensis* (de Man)

特徵及生態：體色為橙色，背上有一寬紅縱帶及一條窄白縱帶延伸到尾部，觸角白色具有紅色縱斑。是一種清潔蝦，清除魚類寄生蟲為食。生活於珊瑚礁海域水深3～15公尺，常群聚在岩縫中。

分布：紅海到澳洲、日本、台灣、印度尼西亞、夏威夷。

文獻：Nishimura1995:313，武田正倫1982:24，Gosliner et al. 1996:213。

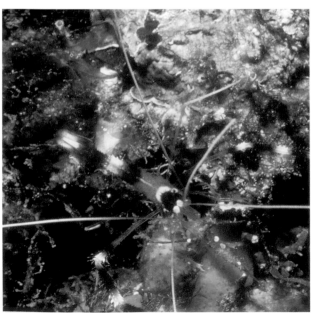

攝於墾丁萬里桐

櫻花蝦

學名：*Stenopus hispidus* (Olivier)

特徵及生態：是一種清潔蝦，具六根明顯的白色線狀觸角，第三對胸腳特別大，體表具有許多棘刺。會以魚類體表的寄生蟲為食。動物生活於珊瑚礁海域3～5公尺，在陰暗的岩壁上常發現。

分布：阿拉伯海、澳洲、日本、台灣、菲律賓。

文獻：Gosliner et al. 1996:211。

科名：活額蝦科 Rhynchocinetidae

德斑活額蝦

學名：*Rhynchocinetes durbanensis* Gordon

特徵及生態：體長約1公分，棲息於20公尺以內的珊瑚礁海域，紅色，身上有白色條紋，特徵相當明顯。喜歡群聚在10～20公尺深岩縫或岩洞中。

分布：南非到新幾內亞、日本、台灣、菲律賓海域。

文獻：Gosliner et al. 1996:217。

攝於墾丁山海里

科名：葉顎蝦科 Gnathophyllidae

油彩蠟膜蝦

學名：*Hymenocera picta* Dana

特徵及生態：螯肢膨大，身上有紅色彩斑，主要以蛇星科海星為食，也會捕食棘冠海星。主要生活於礁岩海域水深2～5公尺。

分布：廣布印度－太平洋地區。

文獻：Gosliner et al. 1996:216

（李坤瑄提供）

科名：地蟹科 Gecarcinidae

毛足圓軸蟹

學名：*Cardisoma hirtipes* (Dana)

特徵及生態：頭胸甲近圓扇形，鰓區光滑，胃、心區有較深的溝環線。生活於海岸灌叢或海岸林中。夜行性，夜晚在道路上偶可採獲。在泥中挖洞穴居，繁殖時母蟹須將幼體釋放於海水中。墾丁、澎湖、蘭嶼均有記錄。

分布：台灣、日本、夏威夷、東澳洲、玻里尼西亞、毛里求斯。

文獻：王及劉1996: 34，戴等1986: 518，519。

標本採於墾丁海岸林下

科名：地蟹科 Gecarcinidae

紫地蟹

學名：*Gecarcoidea lalandii* H. Milne Edwards

特徵及生態：大型陸蟹，頭胸甲及步足呈紫黑色，螯腳紫紅色。頭胸甲上有八個小白點。眼窩至頰區有一黃色斑塊。挖洞穴居。繁殖時幼體必須釋放回海水中。

分布：廣分布於印度－西太平洋地區。

文獻：王及劉1996:135。

環紋金沙蟹

學名：*Lydia annulipes*
(H. Milne Edwards)

特徵及生態：頭胸甲呈橫卵形。一般頭胸甲及螯腳的底土爲土黃色，有不規則藍紫色斑紋。步足有淡藍色交錯的環斑。生活在礁岩海岸潮間帶，東北角及恆春海域均有記錄。

分布：廣布印度－西太平洋地區。

文獻：王及劉1996:56。

攝於墾丁萬里桐

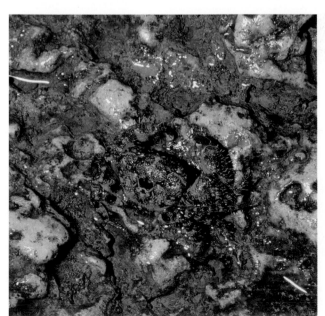

粗糙酋婦蟹

學名：*Eriphia scabricula*
(Dana)

特徵及生態：背甲近圓方形，體表具有粗糙顆粒及長剛毛，體色變化大，常有深色斑塊。動物生活於珊瑚礁海域潮間帶。

分布：廣布印度－西太平洋地區。

文獻：王及劉 1996:57。

攝於小琉球

科名：瓢蟹科 Carpiliidae

紅斑瓢蟹

學名：*Carpilius maculatus* (Linnaeus)

特徵及生態：中大型蟹類。頭胸甲橫卵圓形，表面光澤，不分區。體色呈橙紅至淺咖啡色，背上有11個紫紅色圓形斑點，呈對稱分布。生活於珊瑚礁海域低潮線附近至水深10公尺以內的亞潮帶。

分布：廣布印度－西太平洋地區。

文獻：王及劉1996:51。

動物攝於小琉球礁岩區潮間帶

科名：饅頭蟹科 Calappidae

公雞饅頭蟹

學名：*Calappa gallus* (Herbst)

特徵及生態：頭胸甲兩側有二個對稱的大黑斑。背甲隆起，前半部具突瘤，墾丁及小琉球均曾採獲。

分布：西沙群島、海南島、台灣、日本、百慕達、巴西、菲律賓、印尼、斯里蘭卡、印度、波斯灣、紅海、東非及西洋大西洋沿岸。

文獻：鄭1998:59；戴等1986:94。

採於珊瑚礁潮間帶沙地

肝葉饅頭蟹

學名：*Calappa hepatica*
(Linnaeus)

特徵及生態：頭胸甲背部隆起，表面具數列突起疣，動物為灰綠色，有深褐色斑。

分布：西沙群島、海南島、台灣、韓國、日本、夏威夷、澳洲、印尼、斯里蘭卡、伊朗灣、紅海、非洲沿岸。

文獻：戴等1986:91，益田1991:139，三宅1984:20～23。

甲殼類

動物採於小琉球潮間帶

粗腿綠眼招潮蟹
紅豆招潮蟹
提琴手蟹

學名：*Uca chlorophalmus*
(Adams et White)

特徵及生態：雌性大多全身呈胭脂紅色。雄性背甲多變化，雜有黃色、墨綠或藍色花紋，眼柄紅色至綠色。分布在河口、紅樹林或珊瑚礁區高潮區的沈積泥沙地。

分布：廣東、太平洋中部和西部、菲律賓、馬來亞

文獻：鄭1998：89-90，戴等1986：428，奧谷1997：214。

標本採於墾丁萬里桐珊瑚礁區高潮線的沈積泥沙地

科名：沙蟹科 Ocypodidae

四角招蟹

學名：*Uca tetragnon (Herbst)*

特徵及生態：頭胸甲顏色特別，寶藍色為底，夾雜黑色不規則斑塊及斑點。雄性大螯淡橙黃色，兩指近末端白色。

分布：台灣、日本。

標本採於墾丁南灣1公尺深潮池中

科名：蜘蛛蟹科 Majidae

覆毛羊角蟹

學名：*Criocarcinus superciliosus* (Herbst)

特徵及生態：頭胸甲表面中部隆起，密布粗顆粒及捲曲的剛毛，胃區有兩個鈍刺形突起，鰓區前後各有一突起，步足大，密布捲曲和細長剛毛，腹部分7節，尾節三角形 (戴等 1986)。

分布：西沙群島，日本，新喀里多尼亞，安達曼海。

文獻：戴等 1986: 115, 116。

鈍額曲毛蟹

學名：*Camposcia retusa* Latreille

特徵及生態：背甲及步足表面具濃密的卷剛毛，雌雄的螯腳均較步足短小。動物生活於水深1～10公尺的珊瑚礁海域，全身蓋滿海藻、海綿及其他附生生物，形成極佳的偽裝。

文獻：王及劉1996: 25。

攝於墾丁核三廠入水口

花紋愛潔蟹

學名：*Atergatis floridus* (Linnaeus)

特徵及生態：頭胸甲呈橫卵圓形，分區稍稍隆起，分區可辨。背部為棕色，夾有淡棕色不規則斑塊，眼柄短且直，常藏在眼窩內。

分布：廣布印度－西太平洋地區。

文獻：戴等1986：261，王及劉1996：37

動物採於墾丁珊瑚礁海域水深2公尺的大型潮池中

甲殼類

科名：扇蟹科 Xanthidae

銅鑄熟若蟹

學名：*Zozymus aeners*
(Linnaeus)

特徵及生態：潮間帶較大型蟹類。頭胸甲呈橫卵圓形，分區清楚，各區有顯著隆塊。背部全身為暗棕色到暗紫色，夾雜藍色、紅色不規則斑紋，分區之間常有土黃色線條區隔。生活於珊瑚礁海域潮間帶礁岩區。夜行性。恆春、東北角均產。具毒性，不可食。

分布：廣分布於印度－西太平洋地區。

文獻：王及劉1996：39，戴等1986：255。

科名：扇蟹科 Xanthidae

蝙蝠毛刺蟹

學名：*Pilumnus vespertilio*
(Fabricium)

特徵及生態：除了黑色的鉗指無毛之外，全身長滿了褐色的長毛，像一團藻類，是很好的偽裝。生活在礁岩海域潮間帶到5公尺以內亞潮帶石塊下。數量不多，偶爾可見，特別是珊瑚礁海域。

分布：廣分布於印度－西太平洋地區。

文獻：戴等 1986: 339，王及劉1996: 49。

攝於東北角馬岡

肉球皺蟹

學名：*Leptodius sanguineus* (Edwards)

特徵及生態：背甲長卵形，表面分區明顯。前側緣含眼窩外齒共六齒，可動指及不可動指顏色深，一般呈黑色。體色變化大，一般以暗褐到褐綠色系爲主。生活於礁岩海岸潮間帶石塊下。

文獻：王及劉1996: 40。

甲殼類

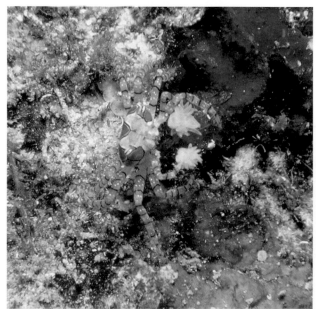

攝於蘭嶼

花紋細螯蟹

學名：*Lybia tessellata* (Latreille)

特徵及生態：背甲近方形，甲面隆起、光滑。全身橙色，具黑褐色網狀花紋，螯足上常抓了兩隻防衛用的海葵。動物生活於珊瑚礁區水流平緩的海灣中，多躲在岩石下，要搬動石塊才可發現，水深1～3公尺。

分布：廣布印度－西太平洋地區。

文獻：Gosliner et al. 1996:239。

攝於墾丁萬里桐

科名：扁蟹科 Xanthidae

光手酋婦蟹

學名：*Eriphia sebana*
(Shaw and Nodder)

特徵及生態：背甲圓方形，前半部具珠狀突起，後半部光滑。步足具長剛毛。全身巧克力色，眼睛紅色，眼柄基部白色。珊瑚礁潮間帶常見。夜行性。

分布：廣布印度－西太平洋地區。

文獻：王及劉1996:58。

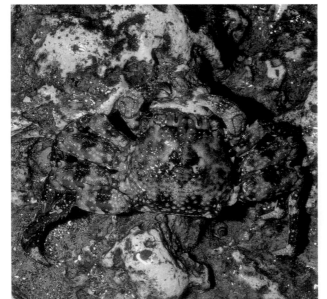

攝於小琉球

科名：方蟹科 Grapsidae

瘤突斜紋蟹

學名：*Plagusia tuberculata*
(Lamarck)

特徵及生態：背甲近圓方形，表面密生顆粒突起。前側緣含眼窩外齒共四齒。生活於珊瑚礁區低潮帶岩石上。

分布：廣布印度－西太平洋地區。

文獻：王及劉1996:129。

攝於墾丁南灣

白紋方蟹

學名：*Grapsus albolineatus* (Lamarck)

特徵及生態：背甲圓方形，綠色具黑色條紋和不規則斑紋，步足黃褐色，有不規則暗褐色斑塊。螯腳掌部外表爲紫紅色。生活於珊瑚礁海域高潮區。

分布：廣布印度-西太平洋地區。

文獻：王及劉1996：101，武田正倫 1982:214。

甲殼類

攝於小琉球

長趾方蟹

學名：*Grapsus longitarsis* Dana

特徵及生態：背甲方形，甲面及步足表面具顆粒狀凸起。生活於珊瑚礁海域高潮區，行動迅速，不易捕捉。

分布：廣東、西沙、南沙、香港。

文獻：王及劉1996：101-102。

善泳蟳

學名：*Charybdis natator* (Herbst)

特徵及生態：背甲較平坦,表面密布絨毛,具有數橫列顆粒隆脊。生活在水深3～5公尺珊瑚礁區泥沙底。

分布：廣西、廣東、福建、台灣、日本、印度尼西亞、馬來群島、泰國、印度、馬達加斯加、非洲東岸。

文獻：武田正倫 1982:153。

攝於墾丁核三廠入水口

淺礁梭子蟹

學名：*Portunus iranjae* Crosnier

特徵及生態：背甲長約1.5公分,寬3.0公分,蓋有一層短絨毛,前側緣具7到9齒,末齒粗大,長刺狀。生活於珊瑚礁海域潮間帶沙地中。

分布：廣分布於印度－西太平洋地區。

文獻：戴等1986：197。

標本採於墾丁

顆粒梭子蟹

學名：*Portuns granulus* (H. M-Edwards)

特徵及生態：背甲寬約2～3公分,上面布滿顆粒狀突起,前側緣有9個齒。顏色和珊瑚礁沙地非常相似,身上布滿不規則斑紋,形成保護色。常見於珊瑚礁海域潮間帶多沙潮池中。

分布：廣布印度－西太平洋地區。

文獻：戴1986:205-206。

科名：角海星科 Goniasteridae

鼠李角海星

學名：*Stellasteropsis colubrinus* Macan

特徵及生態：5腕，腕的橫切面呈長方形，體扁平，上緣板及下緣板明顯且對稱。全身密布顆粒體，背面體盤5個初級骨板呈棘狀突起，形成一個五角形。墾丁海域的香蕉灣曾採獲一隻，稀有。

分布：東非及馬達加斯加、阿拉伯東南部。

標本採於珊瑚礁區水深4公尺的岩石下

科名：長棘海星科 Acanthasteridae

棘冠海星

學名：*Acanthaster planci* (Linne)

特徵及生態：腕數在10～20隻之間，大多12～16隻。背面骨板呈十字形，排成網狀，骨板間隔明顯，其間有小棘、顆粒體和叉棘。各板上有一長刺，長度達2公分以上。呈紅色或青灰色。棲息在珊瑚礁水深1～5公尺地區。是吃珊瑚的海星，有「珊瑚殺手」之稱，曾嚴重危害大堡礁。墾丁海域、蘭嶼均有記錄，數量不多。

分布：印度－西太平洋常見種。

飛白楓海星

學名：*Archaster typicus*
Müller and Troschel

特徵及生態：一般5隻，腕切面呈長方形。呈淡褐色，腕背部有較深的橫斑塊。生殖季在7、8月，有雄性伏在雌性身上的假交配行為。腹面常有多毛類(沙蠶)及螺類(瓷螺科)共生，胃為葉片狀，淡綠色。進食時，身體半埋於沙中，翻出胃，以沙中的有機物為食。澎湖海域沙質的潮間帶及沙地岩石混合棲地上常可發現，數量豐富。

分布：廣布印度－西太平洋地區。

哥倫比亞蛇星

學名：*Cistina columbiae*
Garm

特徵及生態：5腕，腕的橫切面呈圓形。骨板呈覆瓦狀排列，排成7縱列，骨板上皮膜明顯，每一骨板上有一個小棘。生活在珊瑚礁區3～10公尺深。墾丁珊瑚礁區有紀錄，數量稀少。

分布：熱帶性的澳洲、西印度洋及西太平洋海域。

單鏈蛇星

學名：*Fromia monilis*
Perrier

特徵及生態：5腕，體扁平，腕的橫切面呈長方形。腕長3.3～4.9公分。生活時體盤中央及腕的末端為紅色，腕的前半段為淡黃色。生活在水深5～15公尺深的珊瑚礁海域。恆春海域，東北角礁岩，澎湖有記錄。稀có。

分布：印度東部、菲律賓群島、日本南部及中國南部、南太平洋群島。

麗紅蛇星

學名：*Leiaster speciosus*
von Martens

特徵及生態：大型海星，腕長可長達25公分，5腕，呈指狀，骨板呈網狀排列，呈9縱列，骨板上覆蓋厚皮膜。鮮紅色，乾製標本則呈淡棕色。生活在礁岩地區，水深5～10公尺。在澎湖、台灣東北角及蘭嶼均採獲過標本。

分布：印度東部、澳洲北部、菲律賓群島。

棘皮動物

科名：蛇星科 Ophidiasteridae

藍指海星

學名：*Linckia laevigata*
Linnaeus

特徵及生態：5腕，腕的橫切面略成圓形，體盤小。顏色變化很大，多為藍色及灰藍色，亦有灰棕色個體。生活於礁岩海岸，從潮間帶到水深約10公尺。廣布於台灣各礁岩海域，以小琉球數量較多。

分布：印度－西太平洋常見種。

科名：蛇星科 Ophidiasteridae

多篩指海星

學名：*Linckia multifora*
(Lamarck)

特徵及生態：一種小海星，多5腕，少數6腕，腕細長，腕長約2～3公分。由於會進行無性生殖，腕常大小不同。生活在水深1～5公尺的珊瑚礁區。常可發現斷腕及再生小腕的個體，主要以斷腕式無性生殖來增殖。蘭嶼海域較常見，墾丁海域數量稀少。

分布：印度－西太平洋常見種。

赤瘤蛇星

學名：*Nardoa frianti* Koehler

特徵及生態：5隻腕，腕的末端向上翹起，橫切面略呈圓形，腕長約可達10公分。動物生活時為淡菊紅色，腕上常有較深的菊紅色斑塊。活動在水深1～5公尺的珊瑚礁區。恆春珊瑚礁海域、小琉球可見，但數量稀少。

分布：孟加拉灣、澳洲北部、菲律賓群島、日本南部及中國南部、南太平洋群島。

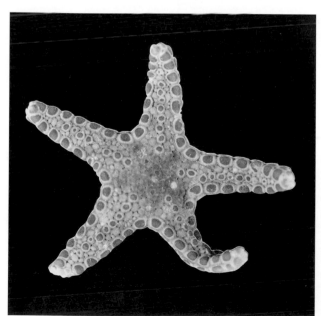

科名：蛇星科 Ophidiasteridae

棕緣蛇星

學名：*Neoferdina insolita* Livingstone

特徵及生態：5隻腕，腕的切面呈長方形。腕長約2公分。背、腹板上密布顆粒體。動物生活在約2～5公尺的珊瑚礁區。蘭嶼有記錄，但稀少。

分布：台灣、孟加拉灣。

註：本種和N. *cumingi* 可能是同種異名。

棘皮動物

科名：蛇星科 Ophidiasteridae

顆粒蛇海星

學名：*Ophidiaster granifer*
Lutken

特徵及生態：5腕，腕的橫切面略呈圓形。背、腹板上密布大小不等的圓形顆粒體，腕末端有一大型端板。呈棕色，腕及體盤有許多大形褐色斑塊。生活在珊瑚礁海域1～5公尺。西沙群島、台灣南部珊瑚礁淺海均有記錄。稀有。

分布：印度東部、澳洲北部、菲律賓群島、日本南部及中國南部、南太平洋群島。

科名：蛇星科Ophidiasteridae

曙光蛇星

學名：*Ophidiaster hemprichi*
M üer & Troschel

特徵及生態：5隻腕，腕長可達7公分。腕橫切面略呈圓形。背、腹腕板呈明顯的7縱列。腕側有許多紫紅色斑塊。生活在水深 5～10公尺珊瑚礁區。恆春海域可見。稀少。

分布：西印度群島、馬斯開里恩群島、東非及馬達加斯加、紅海、馬爾地夫地區、印度東部、澳洲北部、菲律賓群島、日本南部及中國南部、南太平洋群島。

科名：Asteriidae 海盤車科

尖棘篩海盤車

學名：*Coscinasterias acutispina* (Stimpson)

特徵及生態：7～8隻腕，其中有半數較短小，顯示動物可進行無性生殖。動物生活時呈暗褐色，腕捲抱在一起，躲在岩石底部，像一叢海藻，有很好的擬態。活動在水深1～5公尺的礁岩海域。夜行性，白天吸附在岩石底部。東北角礁岩海域，常見。

分布：日本、中國、韓國、夏威夷西部。

科名：海燕科Asterinidae

伯頓海燕

學名：*Asterina burtoni* Gray

特徵及生態：小型海星，7～8腕。會行分裂生殖，所以只有1～2隻腕正常發育，其他腕短小，如果發育良好，動物呈星形。腕長可達1公分。生活於水深3～10公尺珊瑚礁海域的死珊瑚骨骼縫隙中，特別是軸孔珊瑚。

分布：印度－西太平洋常見種。

標本採於墾丁海域

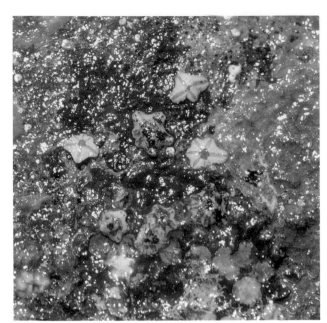

台灣南部的九棚

紊亂海燕

學名：*Asterina anomala*
H. L. Clark

特徵及生態：一種小型海星，大多為6～7腕，腕長很少超過0.5公分。生活於水質清澈的珊瑚礁區石塊下，水深約1～3公尺。所採到的個體幾乎全是分裂生殖的產物，貼在石灰質礁石下方，體型小加上保護色，不易發現。

分布：印度—西太平洋常見種。

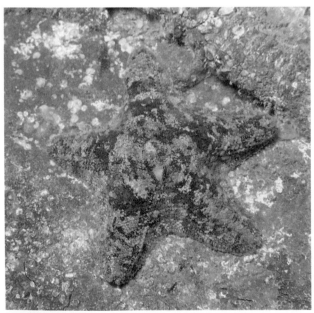

東北角澳底的礁岩海域

花冠海燕

學名：*Asterina coronata*
von Martens

特徵及生態：5腕，腕粗短，腕末端鈍，切面略呈半圓形。腕長可達2公分。生活時為褐綠、黑褐色，雜有綠色斑或灰黑色等，顏色變化大，顏色和所吸附的岩石相近，形成很好的擬態。生活在礁岩海域低潮線到水深3公尺的岩石區，白天多貼於岩石下，有很好的擬態色。

分布：錫蘭地區、印度東部、澳洲北部、菲律賓群島、日本南部及中國南部、南太平洋群島。

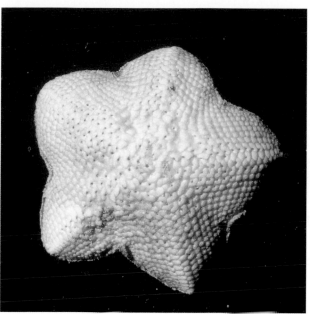

標本採自枝狀珊瑚基部，水深3～8公尺

直齒海燕

學名：*Asterina sarasini*
(de Loriol)

特徵及生態：小型海燕，5腕，腕短小，身體薄，腕長可達1.5公分。背板呈覆瓦狀橫向及縱向規則排列。這種海星多躲藏在珊瑚基部的岩縫中，石塊下並沒有發現。恆春海域、台東成功礁岩海域有記錄，稀有。

分布：錫蘭地區、孟加拉灣、澳洲北部、日本南部及中國南部。

註：*Asterina nuda, Asterina orthodon*及*Asterina lutea* 爲同種異名。

攝於墾丁南灣

科名：海燕科 Asterinidae

齒棘皮海燕

學名：*Disasterina odontacantha* Liao

特徵及生態：5腕，腕長可達2公分。背部呈土黃色，邊緣棘上有藍紫色斑。腹面淡土黃色，腹板小刺上有藍色皮膜，使腹面有許多藍色斑，尤以腹緣最明顯。胃常外翻，以沙地表面有機物爲食。身體上有厚皮膚。生活時體壁柔軟，不像一般海星粗澀。生活於水深2公尺的潮池中，基底多沙及珊瑚碎片。夜行性。數量稀少。

分布：目前僅在西沙群島及台灣南部有記錄。

棘皮動物

科名：海燕科 Asterinidae

刺腕蠍海燕

學名：*Nepanthia belcheri* (Perrier)

特徵及生態：小型海星，6～7隻腕，其中數隻較大，顯示可行無性生殖。生活時顏色很雜，有淡紅色或淡棕色斑，和基底顏色相近，有很好的保護色。動物吸附在珊瑚礁海域低潮線的石縫間，主要吸附在珊瑚碎片上，以附著的微生物為食。以無性生殖來增殖，如果出現則通常數量龐大。目前台灣僅在澎湖赤崁有分布。

分布：孟加拉灣、印度東部、澳洲北部、菲律賓群島、日本南部及中國南部。

科名：海燕科 Asterinidae

擬淺盤步海燕

學名：*Patiriella pseudoexigua* Dartnall

特徵及生態：小型海星，體呈五角形，腕不明顯，多為5腕。生活時顏色為灰綠色，但有雜色斑，顏色與潮間帶岩塊非常相近，有很好的保護色。動物生活在珊瑚礁區高潮線附近的潮池中，夜行性，白天多躲在岩石下，體色和岩石顏色相近。目前僅台灣墾丁萬里桐有一族群。生殖季為每年10月。

分布：澳洲北部、新幾內亞、菲律賓、婆羅洲、新海布里地群島 (the New Hebrides)、台灣南端。

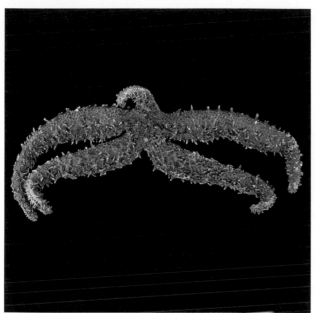

科名：棘海星科 Echinasteridae

赤麗棘海星

學名：*Echinaster callosus*
Von Marenzeller

特徵及生態：5隻腕，腕長，末端翹起。體盤小；腕長可達13公分。骨板呈網狀排列。動物生活在珊瑚礁淺海，水深6公尺，數量稀少。

分布：西印度群島、東非及馬達加斯加、紅海、錫蘭地區、孟加拉灣、印度東部、菲律賓群島、日本南部及中國南部、南太平洋群島。

標本採於綠島

科名：棘海星科 Echinasteridae

呂宋棘海星

學名：*Echinaster luzonicus*
(Gray)

特徵及生態：大多5～6腕，腕呈指狀，身體有一層厚皮膚包圍。體盤及腕佈滿短棘。生活在礁岩海岸1～5公尺處，以分裂生殖來增加族群數量，野外常見分裂後的個體。東北角海域常見種。

分布：為印度—西太平洋常見種。

科名：瘤海星科 Oreasteridae

中華花瘤海星

學名：*Anthenea chinensis* Gray

特徵及生態：5腕，體盤大，腕末端微翹，端板明顯。腕長可達10公分。背板上有稀疏的短鈍棘和瓣狀叉棘（四周被大顆粒體包圍），且密布細棘。皮鰓成群出現在背面，但不甚明顯。腹面無皮鰓。肛門位於體盤正中央，被十多個短鈍棘包圍。上、下緣板明顯且對稱。多呈棕褐色，上緣板顏色較深。分布於沿岸大陸棚，沙底，水深10～60公尺。

分布：中國東南沿海。

科名：瘤海星科 Oreasteridae

麵包海星

學名：*Culcita novaeguineae* (Müller and Troschel)

特徵及生態：大型海星，成體為圓五角形，體厚胖，腕短小退化，腕末端向上翻起。生活在水深10公尺以內礁岩海岸，是一種吃珊瑚的海星，數量不多。在台灣小琉球、南灣，東北角海域偶爾可見。

分布：孟加拉灣、印度東部、澳洲北部、菲律賓群島、日本南部及中國南部、南太平洋群島、夏威夷群島。

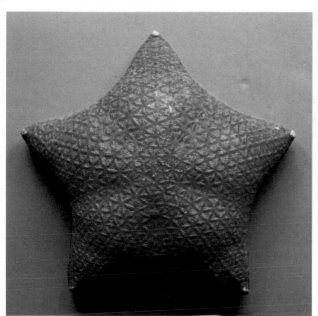

規則瘤海星

學名：*Halityle regularis* Fisher

特徵及生態：5腕，短腕，腕基部寬，腕末端翹起，端板上有一鈍棘。背部略腫脹，腹部略凹。背板密布細顆粒體，並散生稀疏小顆粒型叉棘。腹板呈規則縱列及橫列，每塊腹板微微凸起，腹板間區隔清楚，腹板上密布扁顆粒體及偶爾出現的叉棘，這些叉棘略凹陷。目前僅在台東成功有一隻記錄。

分布：由菲律賓向南到澳洲西部的熱帶地區，東非及馬達加斯加亦有分布。

動物採於礁岩海岸約 5 公尺深

棘皮動物

棘瘤海星

學名：*Pentaceraster westermanni*

特徵及生態：大型海星，腕長可達21公分。腕的橫切面略呈三角形。背板呈網狀排列，背板上有凸出大型鈍棘，棘刺上布滿顆粒體，但尖端處顆粒常脫落。動物活著時為紅棕色，乾標本為淡棕色。動物採於10～60公尺的沙質及礫質海底，多由底拖船採獲。新竹外海、澎湖、台南，偶爾可見。

分布：孟加拉灣，台灣。

台灣礁石海岸地圖

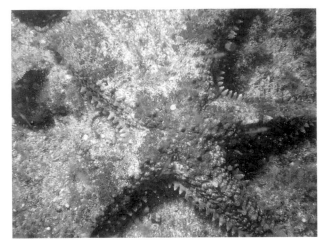

科名：鋸腕海星科 Asteropseidae

脊鋸腕海星

學名：*Asteropsis carinifera* (Lamarck)

特徵及生態：5隻腕足，腕的切面略呈三角型，身體邊緣變薄且圍有一排棒狀棘刺，身體背面腕中線的龍骨板上有一列棒狀棘。體表包有厚皮膚。夜行性。生活在水深1～5公尺礁岩區，運動速度很快，體色和岩石顏色相近，有很好的擬態。數量稀少。恆春及澎湖礁岩海域均有記錄。

分布：爲印度－西太平洋常見種。

科名：刺參科 (Stichopodidae)

花刺參

學名：*Stichopus variegatus* Semper

特徵及生態：橫切面略呈方形，體長可達20公分，寬6公分。體色複雜，一般小個體顏色爲淡黃色，背上具菊紅色斑點；大個體爲暗紅褐色或土黃色，且具棕色疣足。夜行性，白天躲在岩石下。多生活在珊瑚礁區的潮間帶大型潮池中，或低潮線以下至水深5公尺以內水流平緩的小海灣中，爲珊瑚礁種類。

分布：爲印度－西太平洋常見種。

文獻：趙1998:68。

科名：刺參科 Stichopodidae

糙刺參

學名：*Stichopus horrens* Selenka

特徵及生態：黃綠色，體長可達30公分，橫切面略呈方形。體背粗糙，肉刺狀疣足發達，有3～4圈細褐色環圍繞，頂端有黑色刺，肉刺間呈黃褐色，由深褐色周邊劃成不規則小斑塊。夜行性。生活在潮間帶潮池中，吞食珊瑚沙中有機物為食。受干擾時易自割，將背部體壁剝落或溶解。墾丁萬里桐可見，以澎湖海域數量較多。

分布：印度－西太平洋常見種。

文獻：趙1998:63。

棘皮動物

科名：刺參科 Stichopodidae

梅花參

學名：*Thelenota ananas* (Jaeger)

特徵及生態：大型海參，體長可達50公分以上，重10公斤。呈橘黃色。背部疣足肥大，呈指狀，且3～5個連成掌狀或楓葉狀。管足集中於腹面。生活在水深1～10公尺內的粗珊瑚沙區，吞食珊瑚沙，以沙中的有機物為食。泄殖腔中常有隱魚共生。綠島、蘭嶼、小硫球可見，以小硫球數量較多。

分布：馬斯開里恩群島，馬爾地夫地區，印度東部，澳洲北部，日本南部及中國南部，南太平洋群島。

文獻：趙1998:72。

科名：瓜參科 Cucumariidae

強壯翼手參

學名：*Colochirus robustus*
Östergren

特徵及生態：小型海參，
體長很少超過6公分，體色
為鮮黃色，背部疣足列之
間常為暗綠色，摸起來粗
澀。觸手成樹狀。生活於
珊瑚礁海域水深5～15公尺
的礁岩上，常群聚在水流
較急的礁岩壁上。

分布：台灣墾丁，印尼及
菲律賓海域。

文獻：Gosliner et al.1996：
283。

科名：海參科 Holothuriidae

白底輻肛參

學名：*Actinopyga mauritiana*
(Quoy & Gaimard)

特徵及生態：棕色，顏色
較棘輻肛參淡，體型粗
壯，體長可達25公分，寬8
公分。體壁厚，20公分以
上的個體體壁厚可達1公
分。肛門周圍有5個鈣質的
肛門齒。背上及肛門周圍
常有許多白色鈣質斑點，
這些斑點常連成斑塊狀，
特別是在肛門附近。墾丁
海域，小硫球，東北角海
域，蘭嶼及綠島可見。

分布：印度－西太平洋常
見種。

文獻：趙1998:78。

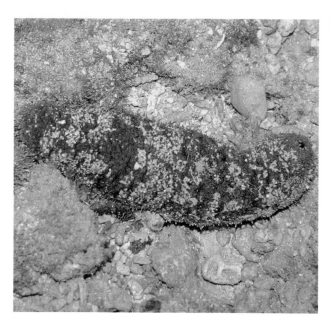

棘輻肛參

學名：*Actinopyga echinites* (Jaeger)

特徵及生態：體長約10～15公分，寬5～8公分，體型粗胖略呈紡錘形。深褐色或褐色。背上具細疣足。肛門被5個鈣質肛門齒包圍。多為夜行性。背上常有白瓷螺（*Melanella dufresnei*）寄生。墾丁、小硫球，東北角海域有分布。墾丁海域種類多生活在潮間區潮池中，以萬里桐產量較多。

分布：印度－西太平洋廣分布種。

文獻：趙1998:75。

蛇目白尼參

學名：*Bohadschia argus* Jaeger

特徵及生態：大型海參，長可達30公分。呈灰白色。背上有蛇眼般的斑塊，故稱蛇目參，肛門周圍黑色。生活在礁岩海域水深約0.5～1公尺的大型潮池，或水深3公尺內的海灣。夜行性。常有異尾類(甲殼類)及隱魚共生。居維氏器發達，受刺激時易排出黏絲。墾丁萬里桐及南灣曾採獲，但數量少。

分布：西印度群島，錫蘭地區，孟加拉灣，印度東部，澳洲北部，菲律賓群島，日本南部及中國南部，南太平洋群島。

文獻：趙1998:81。

棘皮動物

科名：海參科 Holothuriidae

褐斑白尼參

學名：*Bohadschia marmorata* Jaeger

特徵及生態：呈臘腸形，20隻楯狀觸手，體長約15公分，寬約3.5公分，體壁薄。管足稀疏，集中在腹部，背部有稀疏的疣足。背部有左右兩列對稱但不規則的連續性大斑塊。腹面灰白色。肛門周圍深褐色。生活在珊瑚礁海域潮間帶，特別是多細沙的潮池中。主要濾食細珊瑚沙中有機物為食。夜行性。目前僅恆春海域的萬里桐有記錄，但數量稀少。

分布：馬斯開里恩群島，菲律賓群島，南太平洋群島。

文獻：趙1998:84。

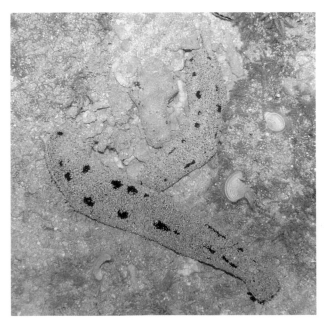

科名：海參科 Holothuriidae

黑海參

學名：*Holothuria* (Halodeima) *atra* Jaeger

特徵及生態：呈黑色，臘腸形，長約20公分。管足集中腹面，略呈3縱列，管足末端白色。背部疣足稀疏。生活在有珊瑚碎片的潮池中，吞食珊瑚沙，過濾其中有機物及細菌。身上常裹有一層細沙，但背部常有兩列小斑塊不裹沙，且排成明顯兩縱列。無居維氏器。以橫分裂無性生殖方式繁衍後代，全年均會行無性生殖。廣布台灣南、北礁岩海岸及離島，南端及澎湖最常見。

分布：印度－西太平洋常見種，世界性熱帶種。

虎紋參

學名： *Holothuria (Mertensionthuria) pervicax* Selenka

特徵及生態：為淡褐色，背部中線上有一顏色較深的縱帶且有數對暗褐色斑，背上亦散生許多棕色疣足，斑紋上及縱帶上的疣足常較大且明顯。腹部顏色淡，管足白色且較大型，集中腹部。觸手20隻、楯狀，呈淡黃色。居維氏器發達，受刺激容易排出黏性細絲。生活在珊瑚礁海域多沙的潮間帶，及水深3公尺以內的亞潮帶。墾丁海域及澎湖均產。

分布：廣布印度－西太平洋地區。

醜海參

學名： *Holothuria(Thymiosycia) impatiens* (Forskal)

特徵及生態：呈臘腸形，特別是小個體，大個體後端常膨大。黑褐色或棕色，背部黑褐色斑常呈橫帶狀。20隻楯狀觸手。背上疣足粗糙，呈尖瘤狀。腹面顏色較淡。因很少移動，腹部管足已不明顯且稀疏。生活在潮間帶至水深2公尺的岩石下及岩縫中，受刺激時緊縮身體卡在岩縫中，不易捕捉。夜間伸出身體前端在礁岩上吞食細珊瑚沙消化其中有機物。南部岩礁海域較常見。

分布：為印度－西太平洋常見種。

棘皮動物

科名：海參科 Holothuriidae

豹斑海參

學名：*Holothuria (Lessonothuria) pardalis* Selenka

特徵及生態：臘腸形。腹面乳黃色或黃色並雜有褐色斑；背部淡黃褐色並雜有許多不規則紫黑色斑塊，略排成二縱列。管足稀疏分布腹面，背面亦有稀疏疣足。酒精標本略呈U字形，且顏色變化小。生活在珊瑚礁海域潮間帶岩塊下，或珊瑚骨骼碎片下。活動性很小，要搬動石塊才可發現。台灣墾丁萬里桐及南灣可見，但數量稀少。

分布：為印度－西太平洋常見種。

科名：海參科 Holothuriidae

棕環參

學名：*Holothuria(Mertensionthuria) fuscocinerea* Jaeger

特徵及生態：呈臘腸形，體壁柔軟。觸手楯狀，20隻。褐色或黑褐色，背上有大塊深褐色斑塊，肛門周圍為較黑的黑褐色，肛門周圍有5組細疣。管足集中腹部，顏色較背部顏色淡。背部散生許多疣足。管足及疣足基部均有一小圈黑色環，為其重要特徵。生活在珊瑚礁海域潮間帶及水深3公尺以內的亞潮帶。夜行性。居維氏器發達，受刺激時易排出黏絲。墾丁萬里桐及澎湖石滬區夜間常見。

分布：印度－西太平洋常見種。

蕩皮參

學名：*Holothuria (Mertensionthuria) leucospilota* Brandt

特徵及生態：黑色或紫黑色。身體呈臘腸狀，體壁柔軟，通常體後端粗大。酒精標本顏色退成褐色。生活在潮池中，吞食珊瑚沙，以其中的有機物為食。常將身體後端卡在岩縫中，只露出前端進食。居維氏器發達，受刺激容易排出黏性細絲。為台灣南、北礁岩海岸及離島最常見的海參。

分布：印度－西太平洋常見種，世界性熱帶種。

棘皮動物

黑乳參

學名：*Holothuria (Microthele) nobilis* (Selenka)

特徵及生態：大型海參，黑色，體重可達5公斤。體壁厚度可達1公分。背部常有許多淡黃色不規則的斑點及鈣質沉澱。肛門周圍有5個肛門齒。身體腹面兩側各有一列瘤狀突起。管足集中腹面，管足末端淡棕色。酒精保存標本顏色變化小。生活在水深2公尺內大型潮池中，吞食珊瑚沙，以其中有機物為食。黑乳參遷移性極低。墾丁南灣有紀錄，但數量少。

分布：印度－西太平洋常見種。

棘手乳參

學名：*Holothuria (Platyperona) difficilis* Semper

特徵及生態：小型海參，體型一般約小指般大小，體色爲均勻深褐色。口偏向腹部。背部有稀疏的疣足，管足集中在腹部。生活在礁岩海岸潮間帶至水深2公尺以內的亞潮帶。夜行性，白天躲在岩石下及岩縫中。以礁岩上的附生微細藻類及沙中有機物爲食。受刺激時極易排出居維式器的黏絲。主要靠分裂式無性生殖繁殖。東北角礁岩海岸，墾丁及澎湖小島常見。

分布：印度－西太平洋常見種。

米氏海參

學名：*Holothuria (Selenkothuria) moebii* Ludwig

特徵及生態：褐色，體長可達20公分，呈臘腸形。體壁柔軟。背部疣足稀疏。動物多吸附在岩石下的沙中，吞食沙中的有機物爲食，不會主動到礁岩上爬行，尋找食物。可能是夜行性種類，移動性可能很低。數量不多。東北角海域，墾丁，及澎湖後袋子島均有採獲。

分布：印度－西太平洋常見種。

動物採於珊瑚礁區高潮線附近的岩石下，棲所和米氏海參(*H. moebii*)相近

中華海參

學名：*Holothuria (Selenkothuria) sinica* Liao

特徵及生態：體長約15公分，寬約4公分，呈臘腸形，背部棕黑色，腹部褐色。20隻楯狀觸手。管足集中腹部，背部疣足稀疏。酒精標本顏色變化小。移動性小，主要吞食珊瑚沙，消化其中有機物。數量稀少，生態資料並不完整。

分布：錫蘭地區、孟加拉灣、印度東部、澳洲北部、菲律賓群島、南太平洋群島。

棘皮動物

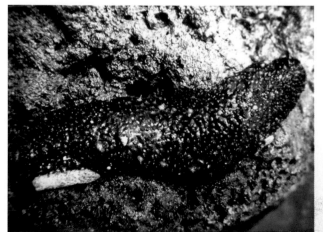

黑刺星海參

學名：*Holothuria (Semperothuria) cinerascens* (Brandt)

特徵及生態：呈臘腸形，體長多在20公分以下，體色深褐色或紅褐色，雜有黑色及紅色斑及疣足。觸手收縮時略呈楯狀，水中伸展時呈樹枝狀，但分枝全在觸手上端。生活在礁岩海域低潮線附近至水深2公尺處，動物躲在岩縫中。濾食性，以觸手抓取水中浮游性生物及藻類碎片為食。幾乎固著性，少移動，為得到充足食物，一般生活在碎浪區。受到刺激時，會收縮身體，脹起體壁卡在岩縫中，極難捕捉。廣布在墾丁及東北角礁岩海域。分布印度－西太平洋常見

科名：海參科 Holothuriidae

蚓參

學名：*Holothuria (Thymiosycia) arenicola* Semper

特徵及生態：動物爲臘腸形，乳黃色，背部具有十多對小褐色斑，排成二縱列。管足稀疏，集中於腹面。背部亦具有稀疏的疣足。肛門周圍有5組細疣，每組具4～6個小疣，中間2個較大。觸手20隻。墾丁珊瑚礁海域，但數量稀少。

分布：爲印度－西太平洋常見種。

科名：海參科 Holothuriidae

黃疣海參

學名：*Holothuria (Thymiosycia) hilla* Lesson

特徵及生態：臘腸形，紅棕色，背上有稀疏淡黃色大型疣足，形成許多淡色斑。背部疣足伸展時可長達1公分，但受刺激後疣足常收縮。稀疏的管足集中腹面。觸手爲淡黃色。生活在礁岩海岸潮間帶，只露出身體前端進食，受刺激則縮回岩石下或岩縫中。吞食珊瑚沙以其中的有機物爲食。澎湖海域最常見的海參，墾丁海域也有記錄，但數量很少。

分布：爲印度－西太平洋常見種。

動物採於墾丁海域水深約8米的珊瑚礁區

科名：海參科 Holothuriidae

格皮氏海參

學名：*Pearsonothuria graeffei* (Semper)

特徵及生態：體長可達25公分。觸手邊緣為白色。管足位於腹部，背上多疣足，疣足的末端是白色。體色一般是淡褐色或黃褐色，有棕色的斑塊。夜行性，白天躲在礁岩下，晚上才出來礁岩活動；以礁岩上的微細藻類，及吞食細珊瑚沙，以其中有機物及細菌為食。恆春海域，但數量非常稀少。

分布：紅海，馬爾地夫地區，印度東部，菲律賓群島，南太平洋群島。

科名：錨參科 Synapidae

台灣步錨參

學名：*Patinapta taiwaniensis* Chao et al.

特徵及生態：小型錨參，體長多在15公分以下，體色白色略透明。體壁有細疣，每一疣有一個錨支持。生活在珊瑚礁區高潮線附近的珊瑚沙中。以十多隻指狀觸手交替抓取沙石之間的有機物及細沙石送入口中消化，因此腸道中常有珊瑚沙。

分布：台灣、海南島南端。

科名：錨參科 Synapidae

真錨參

學名：*Euapta godeffroyi*
(Semper)

特徵及生態：呈蛇狀，可長達2公尺。體壁薄，無管足，皮膚具有因骨針所引起的黏滯性。腹部灰白色；背部顏色較深，有許多深褐色斑及兩條金黃色帶。生活在水深1～3公尺的珊瑚礁區。因身體細長又無管足可供吸附，大多生活在水流平緩的港灣中。夜行性。以礁岩上微細藻類及附生的小生物，或有機性食物碎屑爲食。墾丁海域及小琉球有紀錄。

分布：印度－西太平洋常見種。

科名：錨參科 Synapidae

灰蛇錨參

學名：*Opheodesoma grisea*
(Semper)

特徵及生態：呈蛇狀，長可達2公尺。體色多爲灰綠色，有深綠色斑塊及條紋。無管足，體壁具有因大型骨針所產生的黏滯性。生活在珊瑚礁區，因身體細長又無管足可供吸附，所以大多生活在水流平緩的潮池中。大多爲夜行性，白天躲在岩石下，晚上才出來覓食。墾丁及小琉球的珊瑚礁海域可見。

分布：爲印度－西太平洋常見種。

硬指參

學名：*Chiridota rigida* Semper

特徵及生態：小型海參，體色淡棕色，體長10公分左右，蠕蟲狀，體臂上有白色清晰輪疣。指狀觸手12隻。生活在水深1～3公尺的珊瑚礁區，大多在岩石下，要移動石塊才可發現。以礁岩上微細藻類及附生小生物，或有機性食物碎屑為食。墾丁海域萬里桐、南灣有分布，數量很少。

分布：印度東部，澳洲北部，菲律賓群島，南太平洋群島。

棘皮動物

脆懷玉參

學名：*Phyrella fusca* (Ohshima)

特徵及生態：米黃色。被捕捉時常收縮，兩端小，中間膨大，略呈U字形；體前端及觸手已縮入體內，前後不易區分。管足發達，密布於全身。生活在珊瑚礁海域潮間帶珊瑚砂中，埋藏在砂中，不易捕捉；捕捉到時，發達的管足常吸附許多砂石。受干擾或刺激時，會將腸子排出，約40公分長。半固著性，以其枝狀觸手抓取及過濾水中的小型生物及藻類碎片為食。在台灣產於南灣，數量稀少。

分布：印度東部，日本南部及中國南部。

科名：硬瓜參科 Sclerodactylidae

非洲異瓜參

學名：*Afrocucumis africana* (Semper)

特徵及生態：小型海參，通常2～5公分長，灰黑色或黑色。管足稀疏，沿著身體排成5縱區，每區由2列管足組成。生活在低潮線附近石塊下及岩縫中，及水深2公尺以內的珊瑚縫隙中。以管足緊緊吸附於岩縫中，除非敲碎岩石，否則很難捕捉。幾乎半固著性，少移動，只伸出觸手來黏取水中的浮游性生物及藻類碎片。會進行分裂式無性生殖。台灣南端珊瑚礁海域，小琉球及東北角礁岩海岸常見種。

分布：印度－西太平洋地區

科名：錨參科 Synapidae

褶錨參

學名：*Polyplectana kefersteini* (Selenka)

特徵及生態：紅褐色，蛇形，可長達1公尺。體壁薄，具有黏滯性(因為有錨狀骨針)。羽狀觸手，觸手柄具黑色小斑點，無管足。生活在水深1～5公尺珊瑚礁區，特別是藻類繁盛之處。身體細長又無管足可供吸附，大多生活在水流平緩的潮池中；水深5公尺內的桶狀大海綿上偶可發現牠們纏繞在上。夜行性。蘭嶼、墾丁海域偶爾可見。

分布：紅海，印度東部，澳洲北部，菲律賓群島，南太平洋群島，夏威夷群島。

斑錨參

學名：*Synapta maculata*
(Chamisso & Eysenhardt)

特徵及生態：蛇形，長度常超過2公尺。顏色一般為棕色而具有黑褐色小橫斑及不規則的淡色斑，但有5條棕色斑縱貫全身，非常明顯。羽狀觸手15隻。體壁薄且具有黏滯性(但比其它錨參類體壁厚且更黏)，無管足。生活在潮間帶到水深1～3公尺珊瑚礁區。身體細長又無管足可供吸附，多生活在水流平緩港灣中，特別是大型個體。產於墾丁海域、蘭嶼。

分布：廣布印度－西太平洋

紫輪參

學名：*Polycheira fusca* (Brandt)

特徵及生態：黑色或紫黑色，長可達25公分。體壁薄，無管足，身體平滑。吸水時為蠕蟲形，水份排出後呈細長條形。收縮時體壁有環形皺折。體壁上有淡色輪疣。生活在礁岩海岸高潮線岩石區的石塊下，常數隻聚在一起。漲潮時，身體後端躲在石塊下或沙中，伸出前端在水底找尋食物。退潮時，身體吸水，躲在岩石下並保持水份；受到干擾時，水份由肛門排出。墾丁南灣數量較多，東北角亦產，但數量較少。

分布：印度 西太平洋常見

棘皮動物

動物採於墾丁珊瑚礁區，水深3公尺的石塊下

科名：蜍蛇尾科 Ophionereidae

廣蜒蛇尾

學名：*Ophionereis porrecta* Lyman

特徵及生態：中型蛇尾，腕細長，體盤徑2公分左右，體色為棕黃色，體盤上有不規則的黑色斑紋。腕顏色和體盤類似，腕兩側也有不規則的黑色斑紋，腕上有淡黃色小斑塊，末端淡黃色小斑塊較多，腕上的刺短小。稀有。生活於珊湖礁海域，水深4～10公尺，白天多躲在岩石之下。

科名：皮蛇尾科 Ophiodermatidae

巨綠蛇尾

學名：*Ophiarachna incrassata* (Lamarck)

特徵及生態：大型蛇尾類，體盤直徑可達5公分，腕長可達20公分。身體大多是暗綠色，體盤上有白色點群，排成輻射狀。腕棘的末端呈黃白色。動物生活在臺灣南北的礁岩海域，水深1～3公尺，白天多躲在海底的岩洞中，晚上稍稍移到洞口，雜食性，多以藻類為食，也吞食貝類，身體內曾發現被吞食的貓眼蠑螺幼貝，更有報告報導牠們會拱起身體，偽裝成岩洞，以捕食誤闖的小魚蝦。

綠蛛蛇尾

學名：*Ophiarachnella gargonia* (Müller et Troschel)

特徵及生態：生活時反口面呈褐綠色，並有紅色斑塊，口盤圓形，盤徑可達二公分，腕長達八公分。口面顏色淡，反口面色深。腕背上有六到八塊深褐色斑塊，腕棘十二個，短小，整齊地緊貼在側腕板上。生活於珊瑚礁海岸的岩石下，在潮間帶或水深1～3公尺處發現。產於澎湖。

棘皮動物

迭鱗片蛇尾

學名：*Ophioplocus imbricatus* (Müller et troschel)

特徵及生態：呈灰色，盤上有黑色環或黑色線條，並向間輻部及口部延伸。盤上密布大小不等鱗片，盤緣有一列較大型鱗片。盤徑可達2公分，腕長10公分。腕上有數列黑色斑紋。生活在珊瑚礁潮間帶岩石下或珊瑚縫中。產於台灣南部、澎湖，爲台灣首次紀錄。

分布：爲印度－西太平洋之常見種。

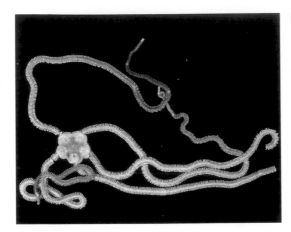

科名：泅燧足科 Amphiuridae

隱腕蛇尾

學名：*Amphiura celata* Koehler

特徵及生態：呈褐綠色，生活於潮間帶岩縫中，或岩石下。與長大刺蛇尾生長於相同環境。但數量極少，目前只採到一隻，產於台灣南部，為稀有種。台灣首次紀錄。

分布：台灣，東印度。

科名：刺蛇尾科 Ophiotrichidae

長大刺蛇尾

學名：*Macrophiothrix longipeda* (Lamarck)

特徵及生態：大型陽燧足，口盤直徑可達3公分，腕足長可達65公分，腕上有藍色斑紋，生物體呈灰褐色、藍褐色。生長於珊瑚礁海域、潮池中，常深藏於岩縫中，僅露出2到3腕足，不易捕捉。產於台灣南部珊瑚礁海岸、小琉球、澎湖。

分布：印度－西太平洋常見種。

科名：刺蛇尾科 Ophiotrichidae

錦疣蛇尾

學名：*Ophiothela danae* Verrill

特徵及生態：小型蛇尾，體盤徑多在0.4公分以下，顏色為藍、橙紅、或黃色。常成群出現，常發現斷裂的個體，分裂式的無性生殖可能是牠們增殖的重要方式。

動物採於墾丁珊瑚礁區，水深10～20公尺的角珊瑚上(海樹)

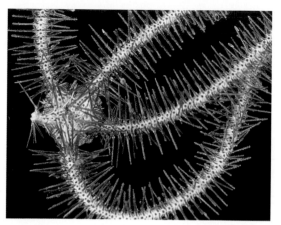

花棘刺蛇尾

學名：*Ophiothrix deceptor* Koehler

特徵及生態：中型蛇尾，體盤徑多在2公分以下，顏色為紫紅色，體盤及腕上有紫紅色長刺及紫黑色斑點，刺上有細齒。動物採於墾丁珊瑚礁區，水深5～10公尺的軟珊瑚上。稀有。

棘皮動物

紫棘蛇尾

學名：*Ophiotrix purpurea* v. Martens

特徵及生態：生物體為紫紅色，盤徑可達0.8公分，圓形，腕長可達7公分。生活於5～15公尺深的珊瑚礁海域，常在軟珊瑚或珊瑚中活動。產於台灣南部。為台灣首次記錄，

分布：中國、菲律賓、日本、東印度等地。

文獻：Gosliner et al. 1996:266，Guille et al. 1986:172-173。

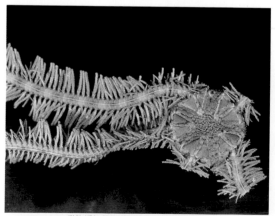

鄰棘蛇尾

學名：*Ophiothrix vicina* Koehler

特徵及生態：體盤徑多在2公分以下，顏色偏藍，腕中間有一條縱走的淡線，腕上的長棘水平伸出，刺上有細齒。生活於3～10公尺珊瑚礁海域，多躲在珊瑚石基部。常見。

動物採於墾丁珊瑚礁區，水深5～10公尺的珊瑚縫隙中

輻蛇尾

學名：*Ophiactis savignyi* Muller&Troschel

特徵及生態：小型陽燧足，腕長多在2公分以下，多生活在潮間帶海綿腔內或海藻根部，撥開大塊海綿，常可發現成群擠在海綿腔中。以分裂來增殖，常可發現不同腕長的個體。廣布台灣南部潮間帶及澎湖。

分布：為印度－西太平洋常見種。

文獻：Guille et al. 1986:178-179。

動物採於墾丁珊瑚礁區，水深5公尺的石塊下，要搬起石塊才可採獲

優雅櫛蛇尾

學名：*Ophiarthrum elegans* Peters

特徵及生態：體盤徑2～3公分，腕常約15公分，體盤黑色，5腕長出處各有2個淡黃斑。腕暗紅色，腕上亦有規則的淡黃斑。稀有。生活於珊瑚礁海域2～8公尺，躲在石塊之下。

文獻：Guille et al. 1986:178-179。

畫櫛蛇尾

學名：*Ophiocoma pica* Müller et Troschel

特徵及生態：體盤徑約2公分，黑色，但體盤上常有放射狀灰白條紋，腕背上有白斑，像雨傘似的斑紋，腕較粗短。生活於低潮線或亞潮帶之珊瑚縫中，不易捕捉。要敲碎珊瑚方可採獲。產於台灣南部及小琉球之珊瑚礁海域，水深3～10公尺。

分布：為印度－西太平洋常見種。

短腕櫛蛇尾

學名：*Ophiocoma brevipes* Peters

特徵及生態：一般為淡綠色或褐綠色，盤徑很少超過1.5公分，通常在1公分，腕長很少超過10公分，腕上有黑色斑紋，盤上斑紋變化很大，有輻射線狀，塊狀，點狀。在潮間帶岩石下或粗糙的珊瑚碎片下，常和蜈蚣櫛蛇尾一起出現。廣布於台灣南部潮間帶。

分布：為印度－西太平洋的常見種。

棘皮動物

蜈蚣櫛蛇尾

學名：*Opiocoma scolopendrina* (Lamarck)

特徵及生態：體盤徑可達2公分，腕長達14公分，5腕。顏色變化很大，有褐色，綠褐色。腕上有暗斑。反口部密布小顆粒，靠生殖裂口處則裸露，無這種小顆粒體，幅楯不明顯。生活於潮間帶岩縫中，或岩石下，漲潮時常將2～3隻腕足翻轉，在水面上擺動捕食。墾丁海域、小硫球珊瑚礁海域的潮間帶常見種類。

分布：亦為印度－西太平洋的常見種。

科名：櫛蛇尾科 Ophiocomidae

齒櫛蛇尾

學名：*Ophiocoma dentata*
Müller et Troschel

特徵及生態：灰黑色；盤的顏色較淺，上有黑色斑點或花紋。盤徑可達2公分，腕長達12公分。一般生活在珊瑚礁海域岩石下，從潮間帶到亞潮帶15公尺水深的岩石下都有分布。台灣南部、小琉球的常見種，數量豐富。

分布：印度－西太平洋常見種。

文獻：Guille et al. 1986:184-185。

科名：櫛蛇尾科 Ophiocomidae

黑櫛蛇尾

學名：*Ophiocoma erinaceus*
Müller et troschel

特徵及生態：黑色，口盤徑可達2.5公分，腕長9公分，反口部布滿粗澀小顆粒體。常躲在低潮線至亞潮帶10公尺的石珊瑚空隙中；少數亦可在岩石下發現。廣布於台灣南部的小琉球、蘭嶼珊瑚礁海域。

分布：印度－西太平洋常見種。

文獻：Guille et al. 1986:184-185。

科名：櫛蛇尾科 Ophiocomidae

環棘鞭蛇尾

學名：*Ophiomastix annulosa* (Lamarck)

特徵及生態：呈粉紅色，盤徑可達2公分，腕長可達16公分。5隻腕。盤為圓形，口面及反口面有棕色斑塊，斑塊周圍有白色環，反口面及間輻部密布斑棘。輻楯不明顯，背腕板發達，菱形，周圍有白色環。腹腕板略呈方形，上有「回」字棕斑。生活於珊瑚礁海域低潮線至水深5公尺珊瑚縫中，以腕足在水中擺動捕食。廣布台灣南部、小琉球、蘭嶼珊瑚礁海岸。

分布：印度－西太平洋常見種

文獻：Guille et al. 1986:180-181

棘皮動物

動物採於墾丁珊瑚礁區，水深5公尺的石塊下

科名：櫛蛇尾科 Ophiocomidae

混棘鞭蛇尾

學名：*Ophiomastix mixta* Lütken

特徵及生態：體盤徑2～3公分，體盤紅色或橙紅，上有不規則的白色或淡黃線斑，體盤上有棘刺及長顆粒體。腕顏色和體盤類似，腕上亦有規則的不規則的線斑。稀有，墾丁、東北角海域有發現。

分布：廣布西太平洋地區

文獻：Guille et al. 1986:182-183。

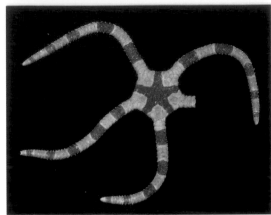

科名：真蛇尾科 Ophiuridae

黃鱗蛇尾

學名：*Ophiolepis superba* Clark

特徵及生態：體盤徑2～3公分，體色為棕黃色，體盤上有一黑色星形。腕顏色和體盤類似，腕上也有規則的黑色斑帶。稀有。

分布：西印度洋到澳洲；菲律賓，南太平洋群島。

文獻：Gosliner et al. 1996:268，Guille et al. 1986:196-197。

科名：頭帕科 Cidaridae

冠棘真頭帕

學名：*Eucidaris metularia* (Lamarck)

特徵及生態：直徑多小於10公分，殼徑約5公分。棘刺短、鈍且稀疏，棘刺上常有碳酸鈣沉澱。多生活於礁岩海岸5～20公尺深，白天多躲在岩石下，以藻類碎片及動物屍體為食。全省礁岩海域均可發現。

分布：東非，紅海到西太平洋、夏威夷及社會群島。

文獻：Gosliner et al. 1996:270，Guille et al. 1986:30-31。

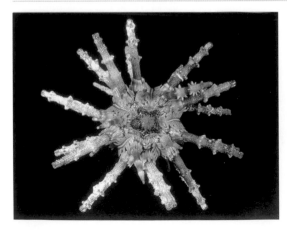

科名：頭帕科 Cidaridae

輪刺棘頭帕

學名：*Prionocidaris verticillata* (Lamarck)

特徵及生態：直徑多小於10公分，殼徑約5公分，體型和冠棘真頭帕相近。棘刺短、鈍且稀疏，棘刺上有3圈輪狀環刺，也常有碳酸鈣沉澱。多生活於礁岩海岸5～20公尺深，白天多躲在岩石下，以藻類碎片及動物屍體為食。產於北部礁岩海域。

分布：廣布東非，西太平洋，關島

文獻：Gosliner et al. 1996:271。

藍環冠海膽

學名：*Diadema savignyi* Michelin

特徵及生態：大型海膽，直徑常超過20公分，膽殼徑也可達8公分。殼頂圍肛板外有一圈藍色環帶，並與步帶處五對縱走的藍線相連。殼頂有五處白點。肛乳突開口有一白色環，或全為黑色。產於台灣本島及離島礁岩海域，水深1～5公尺較常見。

分布：紅海到西太平洋

文獻：Gosliner et al. 1996:272。

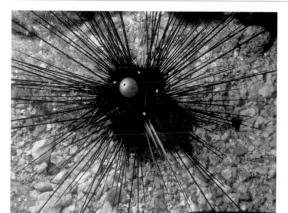

刺冠海膽

學名：*Diadema setosum* (Leske)

特徵及生態：大型海膽，直徑常超過20公分，膽殼徑也可達8公分，刺細長。殼頂有5處白點。肛乳突開口處為橙色。產於本島及離島礁岩海域，水深1～5公尺較常見。

分布：由紅海到西太平洋，廣分布於此區。

文獻：Gosliner et al. 1996:272，Guille et al. 1986:34-35。

環刺棘海膽

學名：*Echinothrix calamaris* (Pallas)

特徵及生態：大型海膽，直徑常超過20公分，膽殼徑也可達8公分。棘具有粗、細兩種，粗刺具斑紋，細刺為棕色。背面上方肛門開口處具一圓球狀的「肛乳突」。夜行性，白天多躲在岩洞中。多生活於岩礁海域，水深1～5公尺。

分布：南非，紅海到西太平洋及夏威夷。

文獻：Gosliner et al. 1996:272，Guille et al. 1986:34-35。

棘皮動物

（李坤瑄攝）

科名：長海膽科 Echinometridae

紫海膽

學名：*Anthocidaris crassispina* (Agassiz)

特徵及生態：殼呈半球形，暗綠色；大疣和中疣的頂端為淡紫色，基部為綠色。棘為黑紫色，幼小個體的棘為灰褐、灰綠、紫色或紅紫色，口面的棘上常有斑紋。主要生活在岩岸，最深可達85公尺，退潮後在岩石下和石頭縫中容易採到。

分布：南日本海，中國大陸浙江、福建、廣東，以及台灣

文獻：Chao and Lee 2001:23-24

科名：長海膽科 Echinometridae

陣笠海膽

學名：*Colobocentrotus mertensi* Brandt

特徵及生態：外形略呈半球形，直徑多小於6公分，腹面棘刺短小。活動性小，緊緊吸附在海浪強勁的中低潮區。基隆及蘭嶼均有記錄，蘭嶼數量較多，特別是北面及東北面岩石區。

分布：日本南部，台灣，南太平洋群島。

文獻：Chao and Lee 2001:24。

梅氏長海膽

學名：*Echinometra mathaei*
(Blainville)

特徵及生態：殼呈長橢圓形反口面略凹陷，殼長可達5公分，長/寬=1.4。棘的顏色變化很大，有黑紫色、褐色、綠色、乳白色、肉紅色等。殼呈白色。生活在低潮線附近的礁岩洞穴中。廣布全省礁岩海岸。

分布：廣布印度洋及西太平洋區域。

文獻： Gosliner et al. 1996:275，Guille et al. 1986:42-43

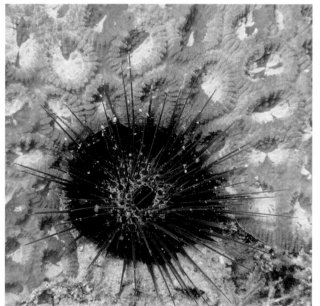

紫叢海膽

學名：*Echinostrephus molaris*
(de Blainville)

特徵及生態：小型海膽，穴居型，全身棕色，殼徑多小於4公分。生活在1～5公尺深的礁岩海域，珊瑚礁海域數量較多。全省礁岩海域均有分布。

分布：日本相模灣以南，及印度洋及西太平洋區域。

文獻：Nishimura 1995:546

科名：長海膽科 Echinometridae

鉛筆海膽

學名：*Heterocentrotus mammillatus* (Linnaeus)

特徵及生態：大型海膽，直徑常超過15公分，膽殼徑也可達9公分。棘特別粗大，蘭嶼的雅美人以粗刺作爲項鍊飾品，也可挖空作煙斗，又俗稱爲煙斗海膽。顏色多爲棕色。夜行性，白天多躲在岩洞中。數量已很少，亟待保育。

分布：東非、南非，從紅海到印度－西太平洋地區，分布廣。

文獻：Gosliner et al. 1996:275，Guille et al. 1986:42-43

科名：口鰓海膽科 Stomopneustidae

口鰓海膽

學名：*Stomopneustes variolaris* (Lamarck)

特徵及生態：大型海膽，殼徑可達10公分。黑色，大棘基部常有綠色螢光。主要生活在波浪沖刷激烈的岩石海岸，隱藏在石縫、石洞或石下，有時也生活在珊瑚礁內。

分布：非洲東岸和馬達加斯加島到新喀里多尼亞島和薩摩亞群島，北到小笠原群島。海南島南部常見。

文獻：Nishimura 1995:543

斑蘑海膽

學名：*Pseudoboletia indiana* (Michelin)

特徵及生態：殼為半球形，略扁，圍口部很大，邊緣稍內凹，有大而深的鰓裂。步帶板為多孔板，每4對排列成弧狀管足孔。殼為淺黃帶白色，步帶綠色；反口面有黑褐色斑塊，作兩個不連續同心圓排列，一圓包圍頂系，一個在赤道部上方。

分布：斯里蘭卡、菲律賓、斑達海、帝汶海以及東沙群島，西沙群島亦有記錄。

文獻：Shigei 1986:89，Chao and Lee 2001:34，Guille et al. 1986:38-39

棘皮動物

白棘三列海膽
（馬糞海膽）

學名：*Tripneustes gratilla* (Linnaeus)

特徵及生態：大棘通常為白色、橙色、黑色或黑紫色，步帶中間和間步帶中間因生有黑色叉棘故多半呈黑色；殼為輻射狀交錯排列的紫色或粉紅色，也有全白或帶紫色的。生活在多海藻的淺海中，常利用海藻和小石塊偽裝，不易被發現。卵可供食用。廣布全省礁岩海岸0～3公尺處。

分布：廣布印度洋和西太平洋

文獻：Gosliner et al. 1996:274，Guille et al. 1986:40-41。

喇叭毒棘海膽

學名：*Toxopneustes pileolus*
(Lamarck)

特徵及生態：生活於水深1
～4公尺的礁岩海域。殼徑
可達5公分。反口面大棘基
部呈綠色；口面大棘基部
是紅色，上端白色，中間
是白綠相間的橫帶。體表
密布喇叭狀叉棘是明顯特
徵。墾丁、小琉球珊瑚礁
海域均可發現，但數量稀
少。

分布：廣布印度洋及西太
平洋

文獻：Gosliner et al. 1996:274，
Guille et al. 1986:40-41。

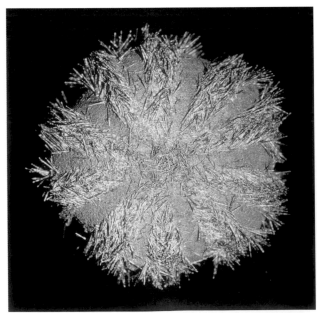

高腰海膽

學名：*Mespilia globules*
(Linnaeus)

特徵及生態：殼徑6公分，
刺短小且具斑紋。外形似
白棘三列海膽。棲地和白
棘三列海膽一樣。墾丁及
澎湖人工魚礁沙地上曾發
現。稀有。

分布：日本相模灣以南、
菲律賓、澳洲。。

文獻：Guille et al. 1986:36-
37。

動物採於墾丁南灣珊瑚礁區，水深2公尺

科名：斜海膽科 Echinoneidae

卵圓斜海膽

學名：*Echinoneus cyclostomus* Leske

特徵及生態：膽殼堅實，長卵圓形，口及肛門開口均在腹面。口位於中央，呈歪斜的長卵形或略不規則。生活時為淡棕色，管足區呈暗紅色。珊瑚礁區潮池中常可拾獲空殼。僅在恆春萬里桐潮間帶岩塊下採獲一個活體。

分布：分布於大西洋及印度西太平洋地區

文獻：Gosliner et al. 1996:275。

標本採於珊瑚礁海域沙地上

科名：楯海膽科 Clypeasteridae

網楯海膽

學名：*Clypeaster reticulates* (Linnaeus)

特徵及生態：殼的形狀卵圓形或長五角形，長約5公分。瓣狀區域明顯，約佔殼半徑的2/3。圍肛部在口面後緣，小個體為橢圓形，大個體為圓形。細棘約0.1～0.3公分長，口面的棘較長。顏色為灰褐色到綠色。小琉球、墾丁珊瑚礁海域均有採獲。

分布：廣布印度－西太平洋地區。

文獻：Gosliner et al. 1996:276

科名：蝟團海膽科 Spatangidae

海蟬

學名：*Pseudomaretia alta*
(A. Agassiz)

特徵及生態：俗稱爲海老鼠，卵圓形，長約5公分，顏色爲淡棕色，刺呈細毛狀，易斷，背部的刺較細長。生活於珊瑚礁海域沙地中，夜行性，墾丁萬里桐海域沙地上中數量頗多，白天要挖沙才可採獲。

分布：日本南部，錫蘭島。

文獻：Shigei 1986:155。

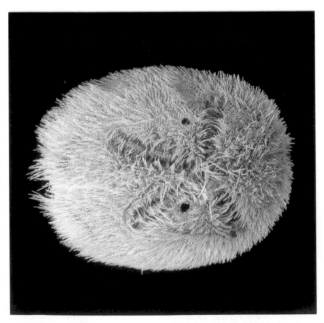

科名：壺海膽科 Brissidae

脊背壺海膽

學名：*Brissus latecarinatus*
(Leske)

特徵及生態：另一種海老鼠，卵圓形，殼長可達7公分，顏色爲灰白色，刺呈均勻的短毛狀，背部並無長刺。生活於珊瑚礁海域沙地中。夜行性，白天要挖沙才可採獲。少見。

分布：廣布印度－西太平洋地區。

文獻：Shigei 1986:179，Guille et al. 1986:50-51。

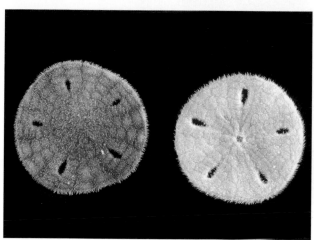

曼氏孔盾海膽

學名：*Astriclypeus manni* Verrill

特徵及生態：身體薄如餅乾，直徑約5～6公分，全身具毛狀短棘，步帶區具有5個長孔洞，背面爲紫紅色，腹面爲乳白色。

分布：日本南部、南中國海。

文獻：Shigei 1986:128。

棘皮動物

動物採於墾丁萬里桐珊瑚礁區的沙地上

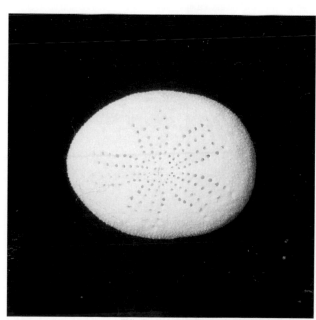

卵豆海膽

學名：*Fibularia ovulum* Lamarck

特徵及生態：長卵形，直徑小於1公分，小型如豆。膽殼背面的管足孔稀疏，孔排列成明顯的花瓣形。稀有。

分布：東非、紅海及印度西太平洋地區。

文獻：Chao 2000:255。

動物採於墾丁珊瑚礁海域的萬里桐，石塊下2公尺深

科名：簇海鞘科 Polycitoridae

環球線簇海鞘

學名：*Clavelina cyclus* Tokioka et Nishikawa

特徵及生態：簇生的群體海鞘，體長約1公分。生活於開元新港外水深2公尺的岩壁上，數量稀少。

分布：日本沖繩、蘭嶼。

文獻：Nishimura 1995: 584-585；益田1991:187。

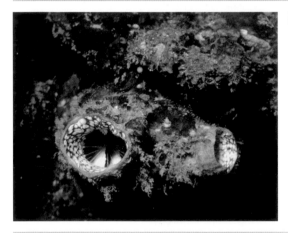

科名：瘤海鞘科 Styelidae

隱囊多囊海鞘

學名：*Polycarpa cryptocarpa cryptocarpa* (Sluiter)

特徵及生態：多生活在水質清澈的開元舊港及核廢料港的岩壁及防波堤上，分布水深2～4公尺，水流平緩之處。體壁上常有紅藻及褐藻附生，形成很好的偽裝。

分布：台灣的東北角海域、蘭嶼、日本。

文獻：Nishimura 1995: 598。

科名：二段海鞘科 Didemnidae

柔二段海鞘

學名：*Didemnum molle* Herdman

特徵及生態：綠色，群聚在水深1～10公尺礁岩上，體內有共生藻，珊瑚礁海域較常見。

分布：廣布印度－西太平洋地區。

文獻：Nishimura 1995: 581。

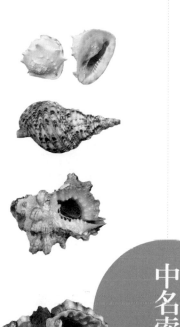

中名索引

（按筆劃由少至多排列）

【參考文獻】

中、日文（按年代編排）

吉良哲明 （1977)原色日本貝類圖鑑。大阪：保育社，240頁。

波部忠重 （1977)日本產軟體動物分類學：二枚貝綱及掘足綱。東京：
　　北隆館，372頁。

武田正倫 （1982)原色甲殼類檢索圖鑑。東京：北隆館，284頁。

三宅貞祥 （1983)原色日本大型甲殼類圖鑑 （II）。保育社，大阪，277
　　頁。

戴愛雲，楊思諒，宋玉枝，陳國孝 （1986） 中國海洋蟹類。北京：海洋
　　出版社。642頁。

賴景陽 （1986)臺灣的海螺 （I）。臺北：臺灣省立博物館，49頁。

賴景陽 （1987)臺灣的海螺 （II）。臺北：臺灣省立博物館，116頁。

西村及伊藤 （1987)海岸動物。大阪：保育社，207頁。

波部忠重 （1989)原色日本貝類圖鑑。東京：保育社，182頁。

戴昌鳳 （1989)臺灣的珊瑚。臺中縣霧峰：臺灣省政府教育廳，194頁。

賴景陽 （1990)貝類。臺北：渡假出版社有限公司，200頁。

西平守孝 （1991)造礁珊瑚 東京：東海大學出版會，264頁。

波部忠重，伊藤潔 （1991） 原色世界貝類圖鑑 （I）。大阪：保育社，
　　176頁。

益田 一，林 公義，中村宏治，小林安雅(1991) 海岸動物。東京：東
　　海大學出版會，255頁。

游祥平，符菊永 （1991)臺灣的寄居蟹。臺北：南天書局，78頁。

施習德 （1994)招潮蟹。屏東：國立海洋生物博物館，190頁。

奧谷喬司 （1996)決定版生物大圖鑑：貝類。東京：世界文化社。

王嘉祥，劉烘昌 （1996)臺灣海邊常見的螃蟹。臺北：臺灣省立博物
　　館，136頁。

奧谷喬司 （1997)珊瑚礁的生物。台北：美工圖書社，308頁。

賴景陽 （1998)貝類 （二）。臺北：渡假出版社有限公司，196頁。

鄭明修 （1998） 墾丁國家公園的蝦兵蟹將。屏東：內政部營建署墾丁國
　　家公園管理處。

趙世民 （1998)臺灣礁岩海岸的海參。臺中：國立自然科學博物館，170
　　頁。

奧谷喬司 （2000)日本近海產貝類圖鑑。東京：東海大學出版社，1173
　　頁。

西文（按姓氏字母編排）

Abbott R T, Dance S P (1986) Compendium of Seashells. American Malacologists, Inc. Florida, 411 pp.

Abbott R T, Dance S P (1998) Compendium of Seashells. Odyssey Publ., Calif., 411 pp.

Chao S M (2000) The irregular sea urchins (Echinodermata: Echinoidea) from Taiwan, with descriptions of six new records. Zoological Studies 39: 250-265.

Chao S M, Lee K S (2001) Sea urchins (Echinodermata: Echinoidea) from northeastern Taiwan. Bull. Natl. Mus. Nat. Sci. 13: 13-36.

Coleman N (1989) Nudibranchs of the South Pacific, Vol. I. Neville Coleman's Sea Australia Resources Center, Australia, 64 pp.

Gosliner T M, Behrens D W, Williams G C (1996) Coral reef animals of the Indo-Pacific. Monterey, California: Sea Challengers.

Guille A, Laboute P, Menou J L (1986) Handbook of the sea-stars, sea-urchins and related echinoderms of New-Caledonia lagoon. Paris: Orstom.

Nishimura S (1992) Guide to seashore animals of Japan with color pictures and keys, vol. I. Hoikusha: Osaka, Japan.

Nishimura S (1995) Guide to seashore animals of Japan with color pictures and keys, vol. II. Hoikusha: Osaka, Japan.

Shigei S (1986) The sea urchins of Sagami Bay. Maruzen Press; Tokyo.

Springsteen F J, Leobrera F M (1993) Shells of the Philippines. Carfel Seashell Museum, Manila, Plilippines, 377 pp.

Veron J E N (1986) Coral of Australia and the Indo-Pacific. Honolulu:Univ. of Hawaii Press.

Wells F E, Bryce C W (1993) Sea slugs of western Australia. Western Australian Museum 184 pp.

Wilson B (1993) Australian marine shells, Vol 1. Odyssey Publ., Australia 408 pp.

Wilson B (1994) Australian marine shells, Vol 2. Odyssey Publ., Australia 370 pp.

台灣地圖 20

台灣礁岩海岸地圖

作　　者	趙世民
文字編輯	林美蘭
內頁設計	徐世昇
地圖繪製	賴怡君

發行人	陳銘民
發行所	晨星出版有限公司
	台中市407工業區30路1號
	TEL:(04)23595820　FAX:(04)23597123
	E-mail:service@morning-star.com.tw
	http://www.morning-star.com.tw
	郵政劃撥：22326758
	行政院新聞局局版台業字第2500號
法律顧問	甘龍強 律師
製作	知文企業（股）公司　TEL:(04)23581803
初版	西元2003年04月30日

總經銷	知己實業股份有限公司
	〈台北公司〉台北市106羅斯福路二段79號4F之9
	TEL:(02)23672044　FAX:(02)23635741
	〈台中公司〉台中市407工業區30路1號
	TEL:(04)23595819　FAX:(04)23597123

定價590元
（缺頁或破損的書，請寄回更換）
ISBN-957-455-404-X
Published by Morning Star Publishing Inc.
Printed in Taiwan

國家圖書館出版品預行編目資料

臺灣礁岩海岸地圖／趙世民著. －－初版. －－臺
中市：晨星，2003〔民92〕
面； 公分. －－（台灣地圖；20）
參考書目：面
含索引

ISBN 957-455-404-X(平裝)

1.無脊椎動物 2.生物–海洋 3.臺灣–
描述與遊記
386 92003448

| 廣告回函 |
| 台灣中區郵政管理局 |
| 登記證第267號 |
| 免貼郵票 |

407
台中市工業區30路1號
晨星出版有限公司

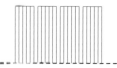

更方便的購書方式：

(1) **信用卡訂閱**　填妥「信用卡訂購單」，傳真至本公司。
　　　　　　　或　填妥「信用卡訂購單」，郵寄至本公司。

(2) **郵政劃撥**　帳戶：晨星出版有限公司　帳號：22326758
　　　　　　　在通信欄中填明叢書編號、書名、定價及總金
　　　　　　　額即可。

(3) **通　　信**　填妥訂購人資料，連同支票寄回。

◉如需更詳細的書目，可來電或來函索取。
◉購買單本以上9折優待，5本以上85折優待，10本以上8折優待。
◉訂購3本以下如需掛號請另付掛號費30元。
◉服務專線：(04)23595819-231　FAX：(04)23597123
　E-mail:itmt@ms55.hinet.net

◆讀者回函卡◆

讀者資料：

姓名：＿＿＿＿＿＿＿＿＿＿　　　　性別：□ 男　□ 女

生日：　／　　／　　　　　　　身分證字號：＿＿＿＿＿＿＿＿＿＿

地址：□□□＿＿＿＿＿＿＿＿＿＿＿＿＿＿＿＿＿＿＿＿＿＿＿

聯絡電話：　　　　　（公司）　　　　　　　（家中）

E-mail ＿＿＿＿＿＿＿＿＿＿＿＿＿＿＿＿＿＿＿＿＿＿＿＿＿

職業：□ 學生　　　　□ 教師　　　　□ 內勤職員　　□ 家庭主婦
　　　□ SOHO族　　□ 企業主管　　□ 服務業　　　□ 製造業
　　　□ 醫藥護理　　□ 軍警　　　　□ 資訊業　　　□ 銷售業務
　　　□ 其他＿＿＿＿＿＿＿＿＿＿＿

購買書名： ＿＿＿＿＿＿＿＿＿＿＿＿＿＿＿＿＿＿＿＿＿＿

您從哪裡得知本書： □ 書店　　□ 報紙廣告　　□ 雜誌廣告　　□ 親友介紹

□ 海報　　□ 廣播　　□ 其他：＿＿＿＿＿＿＿＿＿＿＿＿＿

您對本書評價：（請填代號 1. 非常滿意　2. 滿意　3. 尚可　4. 再改進）

封面設計＿＿＿＿＿版面編排＿＿＿＿＿內容＿＿＿＿＿文／譯筆＿＿＿＿＿

您的閱讀嗜好：

□ 哲學　　□ 心理學　□ 宗教　　□ 自然生態　□ 流行趨勢　□ 醫療保健
□ 財經企管　□ 史地　　□ 傳記　　□ 文學　　　□ 散文　　　□ 原住民
□ 小說　　□ 親子叢書　□ 休閒旅遊　□ 其他＿＿＿＿＿＿＿＿＿＿＿＿

信用卡訂購單（要購書的讀者請填以下資料）

書　　　　名	數　量	金　額	書　　　　名	數　量	金　額

□VISA　　□JCB　　□萬事達卡　　□運通卡　　□聯合信用卡

• 卡號：＿＿＿＿＿＿＿＿＿＿　• 信用卡有效期限：＿＿＿＿年＿＿＿＿月

• 訂購總金額：＿＿＿＿＿＿＿元　• 身分證字號：＿＿＿＿＿＿＿＿＿＿

• 持卡人簽名：＿＿＿＿＿＿＿＿＿＿（與信用卡簽名同）

• 訂購日期：＿＿＿＿年＿＿＿＿月＿＿＿＿日

填妥本單請直接郵寄回本社或傳真(04)23597123